국·가·공·인

KB128291

The Test Book for
Data Architecture Professional

데이터아키텍처 자격검정 실전문제

2013 Edition

·K data 한국데이터산업진흥원

차례

데이터아키텍처 전문가 자격검정 안내

데이터아키텍처 전문가란

1. 데이터아키텍처 정의

데이터아키텍처(DA, Data Architecture)란 기업의 모든 업무를 데이터 측면에서 처음부터 끝까지 체계화하는 것이다.

2. 데이터아키텍처 전문가 정의

데이터아키텍처 전문가(DAP, Data Architecture Professional)란 효과적인 데이터아키텍처 구축을 위해 전사아키텍처와 데이터 품질 관리에 대한 지식을 바탕으로 데이터 요건 분석, 데이터 표준화, 데이터 모델링, 데이터베이스 설계와 이용 등의 직무를 수행하는 전문가를 말한다.

데이터아키텍처 전문가 자격검정 필요성

최근 기업이 정보화 전략을 둘러싼 화두는 단연 전사아키텍처(EA, Enterprise Architecture)이다. 이를 대변하듯 국내 대기업 CIO의 IT 전략에 전사아키텍처가 빠짐없이 등장하고 있다. 특히 전사아키텍처의 구성요소 중 데이터아키텍처가 가장 중요하게 인식되고 있다. 그 이유는 데이터아키텍처가 정보시스템을 구성하는 기본 요소인 데이터에 연관된 모든 계층을 총망라한 체계적인 방법이기 때문이다. 다시말해, 정보시스템의 근간을 체계화하는 것이 데이터아키텍처인 것이다.

그러나 이러한 데이터아키텍처의 중요성에 비해 이에 대한 전문적 지식을 갖춘 인재는 상대적으로 매우 빈약하다.

이에 한국데이터산업진흥원은 전문인력의 실질적 수요자인 사업주를 대변하여 데이터아키텍처 전문가 자격검정을 실시하고자 한다. 이를 통해 산업현장에 부응하는 민간자격을 부여하고, 자격취득자에게 직업 기회 제공 및 사회적 지위(취업, 승진, 보수 등)의 향상은 물론 기업의 국제 경쟁력 제고에도 기여할 것이다.

데이터아키텍처 전문가 직무

데이터아키텍처 전문가는 전사아키텍처 및 데이터 품질 관리에 대한 지식을 바탕으로 데이터 요건 분석, 데이터 표준화, 데이터 모델링, 데이터베이스 설계와 이용에 대한 전문지식 및 실무적 수행 능력을 그 필수로 한다.

직 무	수 행 내 용
데이터 요건 분석	목표 시스템 구축에 있어서 가장 비중을 두고 진행해야 할일 중 하나는 사용자가 원하는 요구사항이 무엇인지 정확하게 파악하고, 이를 효과적으로 달성하기 위해 필요한 요건을 분석하는 것이다. 이를 위해 전체적으로 사용자가 어떤 정보를 어떻게 가공을 해야 하는지 파악하는 것이 중요하다. 본 직무에서는 데이터 요구 사항에 대한 분석과 이에 대한 검증 방법 등에 필요한 작업을 수행한다.
데이터 표준화	데이터 표준화를 실시하기 위해 필요한 구성요소에 대한 개념 파악 및 각 구성요소의 표준화 원칙을 어떻게 수립하며, 표준을 정의하는지 이해한다. 표준이 정의되면 지속적인 품질을 위해 수행되는 사후관리 활동을 위해 본 직무에서는 이에 필요한 작업을 수행한다.
데이터 모델링	기업 내에 흩어져 있는 수 많은 정보들을 사용자 관점에서 설계하는 방법을 다루는 과목으로 그 단계는 개념 데이터 모델링, 논리 데이터 모델링, 물리 데이터 모델링이라는 세부 단계를 수행한다. 본 직무에서는 앞선 세부 단계를 통해 효과적이며 유연한 데이터베이스를 구축하는데 필요한 작업을 수행한다.
데이터베이스 설계와 이용	본 직무에서는 상용화된 DBMS 기술에 종속된 내용을 배제하고 범용적인 관계형 데이터베이스 관점에서 데이터베이스 설계, 데이터베이스 이용, 데이터베이스 성능 개선에 필요한 작업을 수행한다.

자격검정시험 과목 안내

과목명	세부내용
전사아키텍처 이해	**전사아키텍처 개요** 전사아키텍처 정의, 전사아키텍처 프레임워크, 전사아키텍처 참조 모델, 전사아키텍처 프로세스 **전사아키텍처 구축** 전사아키텍처 방향 수립, 전사아키텍처 정보 구성 정의, 전사아키텍처 정보 구축 **전사아키텍처 관리 및 활용** 전사아키텍처 관리 체계, 전사아키텍처 관리 시스템, 전사아키텍처 활용
데이터 요건 분석	**정보 요구 사항 개요** 정보 요구 사항, 정보 요구 사항 관리 **정보 요구 사항 조사** 정보 요구 사항 수집, 정보 요구 사항 정리, 정보 요구 사항 통합 **정보 요구 사항 분석** 분석 대상 정의, 정보 요구 사항 상세화, 정보 요구 사항 확인 **정보 요구 검증** 정보 요구 사항 상관분석 기법, 추가 및 삭제 정보 요구 사항 도출, 정보 요구 보완 및 확정
데이터 표준화	**데이터 표준화 개요** 데이터 표준화 필요성, 데이터 표준화 개념, 데이터 표준 관리 도구 **데이터 표준 수립** 데이터 표준화 원칙 정의, 데이터 표준 정의, 데이터 표준 확정 **데이터 표준 관리** 데이터 표준 관리 개요, 데이터 표준 관리 프로세스
데이터 모델링	**데이터 모델링 이해** 데이터 모델링 개요, 데이터 모델링 기법 이해, 데이터 모델링 구성요소, 데이터 모델링 표기법 이해 **개념 데이터 모델링** 개념 데이터 모델링 이해, 주제 영역 정의, 후보 엔터티 선정, 핵심 엔터티 정의, 관계 정의 **논리 데이터 모델링** 논리 데이터 모델링 이해, 속성 정의, 엔터티 상세화, 이력 관리 정의 **물리 데이터 모델링** 물리 데이터 모델링 이해, 물리 요소 조사 및 분석, 논리−물리 모델 변환, 반정규화
데이터베이스 설계와 이용	**데이터베이스 설계** 저장 공간 설계, 무결성 설계, 인덱스 설계, 분산 설계, 보안 설계 **데이터베이스 이용** 데이터베이스 관리 시스템(DBMS), 데이터 액세스, 트랜잭션, 백업 및 복구 **데이터베이스 성능 개선** 성능 개선 방법론, 조인(Join), 애플리케이션 성능 개선, 서버 성능 개선
데이터 품질 관리 이해	**데이터 이해** 데이터 품질 관리 프레임워크, 표준 데이터, 모델 데이터, 관리 데이터, 업무 데이터 **데이터 구조 이해** 개념 데이터 모델, 데이터 참조 모델, 논리 데이터 모델, 물리 데이터 모델, 데이터베이스, 사용자 뷰 **데이터 관리 프로세스 이해** 데이터 관리 정책, 데이터 표준 관리, 요구 사항 관리, 데이터 모델 관리, 데이터 흐름 관리, 데이터베이스 관리, 데이터 활용 관리

자격검정시험 출제 문항수 및 중요도

1. 데이터아키텍처 전문가 자격검정시험 출제 문항수
가. 총 문항수 : 101문항(필기 : 객관식 100문항, 실기 : 주관식 1문항)
나. 과목별 문항수 및 배점

과목명	문항수		배점	
	필기(객관식)	실기(주관식)	필기(객관식)	실기(주관식)
전사 아키텍처 이해	10		7	
데이터 요건 분석	10		7	
데이터 표준화	10	1	7	30
데이터 모델링	40		28	
데이터베이스 설계와 이용	20		14	
데이터 품질 관리 이해	10		7	
합 계 (6과목)	100	1	70	30
			100	

2. 데이터아키텍처 전문가 자격검정시험 세부 내용별 중요도

과목명	장	절	상	중	하
전사아키텍처 이해	전사아키텍처 개요	전사아키텍처 정의	V		
		전사아키텍처 프레임워크		V	
		전사아키텍처 참조 모델	V		
		전사아키텍처 프로세스			V
	전사아키텍처 구축	전사아키텍처 방향 수립			V
		전사아키텍처 정보 구성 정의		V	
		전사아키텍처 정보 구축	V		
	전사아키텍처 관리 및 활용	전사아키텍처 관리 체계			
		전사아키텍처 관리 시스템			V
		전사아키텍처 활용	V		
데이터 요건 분석	정보 요구 사항 개요	정보 요구 사항 개요		V	
		정보 요구 사항 관리		V	
	정보 요구 사항 조사	정보 요구 사항 수집		V	
		정보 요구 사항 정리	V		
		정보 요구 사항 통합		V	
	정보 요구 사항 분석	분석대상 정의		V	
		정보 요구 사항 상세화	V		
		정보 요구 사항 확인			V
	정보 요구 검증	정보 요구 사항 상관분석 기법	V		
		추가 및 삭제 정보 요구 사항 도출		V	
		정보 요구 보완 및 확인		V	

데이터 표준화	데이터 표준화 개요	데이터 표준화 필요성		V	
		데이터 표준화 개념	V		
		데이터 표준 관리 도구			V
	데이터 표준 수립	데이터 표준화 원칙 정의	V		
		데이터 표준 정의	V		
		데이터 표준 확정		V	
	데이터 표준 관리	데이터 표준 관리		V	
		데이터 표준 관리 프로세스	V		
데이터 모델링	데이터 모델링 이해	데이터 모델링 개요			V
		데이터 모델링 기법 이해			V
		데이터 모델링 표기법 이해		V	
	개념 데이터 모델링	개념 데이터 모델링 이해			V
		주제 영역 정의		V	
		후보 엔터티 선정		V	
		핵심 엔터티 정의	V		
		관계 정의	V		
	논리 데이터 모델링	논리 데이터 모델링 이해			V
		속성 정의	V		
		엔터티 상세화	V		
		이력 관리 정의		V	
	물리 데이터 모델링	물리 데이터 모델링 이해			V
		물리 요소 조사 및 분석			V
		논리-물리 모델 변환	V		
		반정규화	V		
데이터베이스 설계와 이용	데이터베이스 설계	저장 공간 설계	V		
		무결성 설계		V	
		인덱스 설계	V		
		분산 설계			V
		보안 설계		V	
	데이터베이스 이용	데이터베이스 관리 시스템(DBMS)		V	
		데이터 액세스	V		
		트랜잭션		V	
		백업 및 복구		V	
	데이터베이스 성능 개선	성능 개선 방법론		V	
		조인(Join)		V	
		애플리케이션 성능 개선	V		
		서버 성능 개선			V

데이터 품질 관리 이해	데이터 이해	데이터 품질 관리 프레임워크	V		
		표준 데이터	V		
		모델 데이터	V		
		관리 데이터		V	
		업무 데이터		V	
	데이터 구조 이해	개념 데이터 모델		V	
		데이터 참조 모델		V	
		논리 데이터 모델		V	
		물리 데이터 모델		V	
		데이터베이스			V
		사용자 뷰	V		
	데이터 관리 프로세스 이해	데이터 관리 정책	V		
		데이터 표준 관리			V
		요구 사항 관리			V
		데이터 모델 관리	V		
		데이터 흐름 관리	V		
		데이터베이스 관리	V		
		데이터 활용 관리	V		

자격검정시험 응시자격 및 증빙서류

1. 응시자격

※ 아래 응시자격 요건(10개) 중 1개 이상의 요건이 충족될 경우 응시자격이 부여된다.

학력+경력기준	● 박사학위 취득한 자 ● 석사학위 취득한 후 정보처리분야의 실무경력 1년 이상인 자 ● 학사학위 취득한 후 정보처리분야의 실무경력 3년 이상인 자 ● 전문대학 졸업한 후 정보처리분야의 실무경력 6년 이상인 자 ● 고등학교 졸업한 후 정보처리분야의 실무경력 9년 이상인 자
자격기준	● 국가기술자격 중 기술사 자격을 취득한 자 ● 국가기술자격 중 기사 자격을 취득한 후 정보처리분야의 실무경력 1년 이상인 자 ● 국가기술자격 중 산업기사 자격을 취득한 후 정보처리분야의 실무경력 4년 이상인 자 ● 학사학위 취득자 중 데이터베이스관련 자격을 취득한 자 ● 데이터아키텍처 준전문가(DAsP), SQL전문가(SQLP), SQL개발자(SQLD) 자격을 취득한 자

2. 증빙서류

가. 경력 또는 재직증명서 1부

나. 최종학력증명서 사본 1부(해당자에 한함)

다. 자격증 사본 1부(해당자에 한함)

※ 상기 증빙서류는 시험결과확인 후 합격예정자에 한 해 제출하며, 상기 목록 중 자격증 사본을 제외한 증빙서류 양식은 검정센터에서 제공하는 양식을 원칙으로 하되, 증빙서류 발행처의 형식으로 대신 할 수 있다.

자격 취득 절차

1단계. 응시자격 확인

데이터아키텍처 전문가 응시자격을 확인한다.

2단계. 수험원서 접수

1. 수험원서의 작성 및 제출

검정센터 홈페이지 [원서접수신청]을 통해 작성·제출하면 된다. 우편 및 전화를 통해서는 수험원서 접수가 불가하다.

2. 검정수수료 납부

신용카드로 결제하거나 계좌이체로 검정수수료를 납부한다.

3단계. 수험표 발급

수험표는 검정센터에서 공시한 날짜부터 검정센터 홈페이지를 통해 확인·출력할 수 있다.

4단계. 검정시험 응시

1, 2, 3 단계가 완료된 자격검정시험 응시자는 검정센터가 공고하는 일정 및 장소에서 데이터아키텍처 전문가 자격검정시험을 치르게 된다.

5단계. 검정시험 합격 여부 확인

검정센터 홈페이지를 통해 당회차 검정시험에 대한 합격 및 불합격 여부를 확인할 수 있다. 확인결과 자격검정시험 합격자는 검정센터에서 합격예정자로 분류된다.

6단계. 증빙서류 제출

증빙서류 제출은 시험을 통과한 합격예정자에 한해 제출하는 것을 원칙으로 한다. 따라서 '5단계. 검정시험 합격 여부 확인'의 결과로 불합격처리된 응시자는 이단계 이후로는 해당되지 않는다.

1. 증빙서류의 작성

증빙서류는 검정센터에서 지정한 양식 및 증빙서류 발행처의 양식으로 작성하여야 한다.

2. 증빙서류의 제출

검정센터 사이트(https://www.dataq.or.kr/) '마이페이지–시험결과–증빙서류제출' 메뉴를 통해 제출할 수 있다

7단계. 증빙서류 심사 및 최종합격자 선정

접수된 서류는 검정센터의 관련 담당자의 서류 누락 및 사실 진위 여부를 판별하며, 이를 통과한 합격예정자는 최종합격자로 분류된다.

자격검정시험 합격 기준

구 분	합격기준	과락기준
필기합격	100점 만점 기준 75점 이상	과목별 100점 만점 기준 40점 미만
최종합격	응시자격심의 서류 통과자	

자격검정시험 수험자 유의 사항

1. 수험원서 접수 전 유의 사항

데이터아키텍처 전문가 응시자격에 준하는 자에 한해 자격검정시험을 응시할 수 있다.

※ 보다 자세한 응시자격은 검정센터 홈페이지의 [응시자격 및 합격기준]에서 확인할 수 있다.

2. 검정시험 전 유의 사항

가. 수험표

검정센터 홈페이지를 통해 본 자격검정에 수험원서를 접수한 후, 수수료를 납입한 응시자는 검정센터 홈페이지를 통해 발급받을 수 있다.

나. 신분증

수험자의 신분을 확인할 수 있는 주민등록증, 여권, 운전면허증 중에 하나를 반드시 지참해야 한다.

다. 필기도구 준비 (컴퓨터용 수성 사인펜, 볼펜, 연필)

필기답안지(OMR카드)는 반드시 컴퓨터용 수성 사인펜으로 최종 작성하고, 실기답안지(논리데이터모델 답안지, 표준화정의서 답안지)는 볼펜으로 최종 작성하여 제출한다.

3. 검정시험 중 유의사항

가. 고사실 입실 시간 준수

시험 시작 30분전에 수험표와 대응되는 지정된 좌석에 착석한다.

나. 시험 중 화장실 출입

고사실 감독위원에게 생리적 문제를 전달하고 감독위원의 신분 확인 절차를 거쳐 왕래할 수 있다. 단, 다수의 수험자가 동시에 의사를 전달할 시에는 의사를 전달한 순서대로 왕래할 수 있다.

다. 시험 종료 전 퇴실

시험 시작 후 30분 후에는 수험자 개인이 퇴실 의사를 고사실 감독위원에게 전달할 경우 문제지와 답안지를 제출하고 퇴실할 수 있다.

자격검정시험 수수료 안내

1. 검정수수료 납입 시기

검정센터 홈페이지에서 '원서접수'시에 선택한 결제방법(신용카드, 계좌이체)에 따라 수수료를 납부하면 된다.

2. 검정수수료 금액

- 데이터아키텍처 전문가(DAP) : 10만원
- 데이터아키텍처 준전문가(DAsP) : 5만원

3. 검정수수료 환불

- 접수기간 마감일 18:00 까지 : 전액환불
- 접수기간 종료부터 시행 5일전 18:00 까지 : 50% 환불
- 시행 5일전 18:00 이후 : 환불 불가

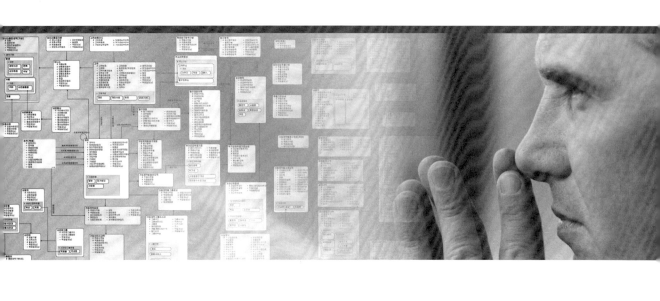

데이터아키텍처 준전문가 자격검정 안내

자격검정시험 과목 안내

기본과목

전사아키텍처 이해	**전사아키텍처 개요** 전사아키텍처 정의, 전사아키텍처 프레임워크, 전사아키텍처 참조 모델, 전사아키텍처 프로세스 **전사아키텍처 구축** 전사아키텍처 방향 수립, 전사아키텍처 정보 구성 정의, 전사아키텍처 정보 구축 **전사아키텍처 관리 및 활용** 전사아키텍처 관리 체계, 전사아키텍처 관리 시스템, 전사아키텍처 활용
데이터 요건 분석	**정보 요구 사항 개요** 정보 요구 사항, 정보 요구 사항 관리 **정보 요구 사항 조사** 정보 요구 사항 수집, 정보 요구 사항 정리, 정보 요구 사항 통합 **정보 요구 사항 분석** 분석 대상 정의, 정보 요구 사항 상세화, 정보 요구 사항 확인 **정보 요구 검증** 정보 요구 사항 상관분석 기법, 추가 및 삭제 정보 요구 사항 도출, 정보 요구 보완 및 확정
데이터 표준화	**데이터 표준화 개요** 데이터 표준화 필요성, 데이터 표준화 개념, 데이터 표준 관리 도구 **데이터 표준 수립** 데이터 표준화 원칙 정의, 데이터 표준 정의, 데이터 표준 확정 **데이터 표준 관리** 데이터 표준 관리 개요, 데이터 표준 관리 프로세스
데이터 모델링	**데이터 모델링 이해** 데이터 모델링 개요, 데이터 모델링 기법 이해, 데이터 모델링 구성요소, 데이터 모델링 표기법 이해 **개념 데이터 모델링** 개념 데이터 모델링 이해, 주제 영역 정의, 후보 엔터티 선정, 핵심 엔터티 정의, 관계 정의 **논리 데이터 모델링** 논리 데이터 모델링 이해, 속성 정의, 엔터티 상세화, 이력 관리 정의 **물리 데이터 모델링** 물리 데이터 모델링 이해, 물리 요소 조사 및 분석, 논리-물리 모델 변환, 반정규화

자격검정시험 출제 문항수 및 중요도

1. 데이터아키텍처 준전문가 자격검정시험 출제 문항수

가. 총 문항수 : 50문항(필기 : 객관식 50문항)

나. 과목별 문항수 및 배점

과목명	문항수 객관식	배점
전사 아키텍처 이해	10	20
데이터 요건 분석	10	20
데이터 표준화	10	20
데이터 모델링	20	40
합계(4과목)	50	100

2. 데이터아키텍처 준전문가 자격검정시험 세부 내용별 중요도

과목명	장	절	상	중	하
전사아키텍처 이해	전사아키텍처 개요	전사아키텍처 정의	V		
		전사아키텍처 프레임워크		V	
		전사아키텍처 참조 모델	V		
		전사아키텍처 프로세스			V
	전사아키텍처 구축	전사아키텍처 방향 수립			V
		전사아키텍처 정보 구성 정의		V	
		전사아키텍처 정보 구축	V		
	전사아키텍처 관리 및 활용	전사아키텍처 관리 체계		V	
		전사아키텍처 관리 시스템			V
		전사아키텍처 활용	V		
데이터 요건 분석	정보 요구 사항 개요	정보 요구 사항 개요		V	
		정보 요구 사항 관리		V	
	정보 요구 사항 조사	정보 요구 사항 수집		V	
		정보 요구 사항 정리	V		
		정보 요구 사항 통합		V	
	정보 요구 사항 분석	분석대상 정의		V	
		정보 요구 사항 상세화	V		
		정보 요구 사항 확인			V
	정보 요구 검증	정보 요구 사항 상관분석 기법	V		
		추가 및 삭제 정보 요구 사항 도출		V	
		정보 요구 보완 및 확인		V	

데이터 표준화	데이터 표준화 개요	데이터 표준화 필요성		V	
		데이터 표준화 개념	V		
		데이터 표준 관리 도구			V
	데이터 표준 수립	데이터 표준화 원칙 정의	V		
		데이터 표준 정의	V		
		데이터 표준 확정		V	
	데이터 표준 관리	데이터 표준 관리		V	
		데이터 표준 관리 프로세스	V		
데이터 모델링	데이터 모델링 이해	데이터 모델링 개요			V
		데이터 모델링 기법 이해			V
		데이터 모델의 구성요소	V		
		데이터 모델링 표기법 이해		V	
	개념 데이터 모델링	개념 데이터 모델링 이해			V
		주제 영역 정의		V	
		후보 엔터티 선정		V	
		핵심 엔터티 정의	V		
		관계 정의	V		
	논리 데이터 모델링	논리 데이터 모델링 이해			V
		속성 정의	V		
		엔터티 상세화	V		
		이력 관리 정의		V	
	물리 데이터 모델링	물리 데이터 모델링 이해			V
		물리 요소 조사 및 분석			V
		논리-물리 모델 변환	V		
		반정규화	V		

자격검정시험 응시자격

1. 응시자격
※ 응시제한 없음

자격 취득 절차

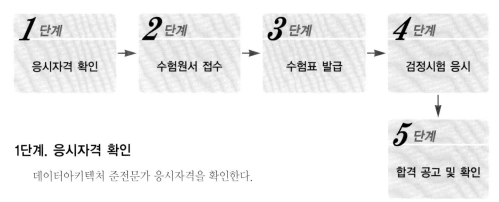

1단계. 응시자격 확인

데이터아키텍처 준전문가 응시자격을 확인한다.

2단계. 수험원서 접수

1. 수험 원서의 작성 및 제출

검정센터 홈페이지 [원서접수신청]을 통해 작성 · 제출하면 된다. 우편 및 전화를 통해서는 수험원서 접수가 불가하다.

2. 검정수수료 납부

신용카드로 결제하거나 계좌이체로 검정수수료를 납부한다.

3단계. 수험표 발표

수험표는 검정센터에서 공시한 날짜부터 검정센터 홈페이지를 통해 확인 · 출력할 수 있다.

4단계. 검정시험 응시

1, 2, 3 단계가 완료된 자격검정시험 응시자는 검정센터가 공고하는 일정 및 장소에서 데이터아키텍처 준전문가 자격검정시험을 치르게 된다.

5단계. 합격 공고 및 확인

검정센터 홈페이지를 통해 당회차 검정시험에 대한 합격 및 불합격 여부를 확인할 수 있다.

자격검정시험 합격 기준

합격기준	과락기준
100점 만점 기준 60점 이상	과목별 100점 만점 기준 40점 미만

자격검정시험 수험자 유의 사항

1. 수험원서 접수 전 유의 사항

데이터아키텍처 준전문가 응시자격에 준하는 자에 한해 자격 검정시험을 응시할 수 있다.

※ 보다 자세한 응시자격은 검정센터 홈페이지의 [응시자격 및 합격기준]에서 확인할 수 있다.

2. 검정시험 전 유의 사항

가. 수험표

검정센터 홈페이지를 통해 본 자격검정에 수험원서를 접수한 후, 수수료를 납입한 응시자에게 수험표가 검정센터 홈페이지를 통해 발급된다.

나. 필기도구 준비 (컴퓨터용 수성 사인펜, 볼펜, 연필)

필기답안지(OMR카드)는 반드시 컴퓨터용 수성 사인펜으로 최종 작성하여 제출한다.

3. 검정시험 중 유의사항

가. 고사실 입실 시간 준수

시험 시작 30분전에 수험표와 대응되는 지정된 좌석에 착석한다.

나. 시험 종료 전 퇴실

시험 시작 후 30분 후에는 수험자 개인이 퇴실 의사를 고사실 감독위원에게 전달할 경우 문제지와 답안지를 제출하고 퇴실할 수 있다.

자격검정시험 수수료 안내

1. 검정수수료 납입 시기

검정센터 홈페이지에서 '원서접수'시에 선택한 결제방법(신용카드, 계좌이체)에 따라 수수료를 납부하면
된다.

2. 검정수수료 금액

- 데이터아키텍처 전문가(DAP) : 10만원
- 데이터아키텍처 준전문가(DAsP) : 5만원

3. 검정수수료 환불

- 접수기간 마감일 18:00 까지 : 전액환불
- 접수기간 종료부터 시행 5일전 18:00 까지 : 50% 환불
- 시행 5일전 18:00 이후 : 환불 불가

과목 I

전사아키텍처 이해

과목 소개

  기업이나 기관(이후 '기업' 으로 표현)의 목적에 맞는 데이터아키텍처(DA, Data Architecture)를 정의하기 위해서는 기업의 비즈니스에 대한 이해와 전체 IT 아키텍처에 대해 이해를 하고 있어야 한다. 이러한 기업의 업무와 IT 아키텍처를 전사 차원에서 정의하는 것을 전사아키텍처(EA, Enterprise Architecture)라 한다. 전사아키텍처는 기업의 경영 목표 달성을 지원하기 위해 IT 인프라의 각 부분들이 어떻게 구성되고 작동되어야 하는가를 전사 차원에서 체계적으로 정의하고 관리하는 것이다.

  이 과목은 데이터아키텍처 전문가(DAP, Data Architecture Professional)가 기업이 필요로 하는 데이터아키텍처를 제대로 정의하고 관리할 수 있기 위해서 이해하고 있어야 하는 전사아키텍처 관련 사항을 테스트한다.

1 EA의 개념에 대한 설명 중 가장 <u>부적합한</u> 것은?

① EA 도입은 IT에 대한 혁신과 관리·통제를 포함하며 시스템의 도입, 구축, 운영, 평가 등을 통합적으로 관리하는 것을 의미한다.
② EA는 IT와 업무간의 연계뿐만 아니라 현재의 모습과 미래의 모습을 포함한다.
③ EA 도입의 궁극적인 목적은 IT 투자 대비 효과를 최대화하는 것이다.
④ EA 도입의 핵심은 통합성과 상호운영성의 제고이다. 따라서 모든 기업은 EA 도입의 핵심 목적으로 통합성과 상호운영성을 설정한다.

2 전사아키텍처(EA, Enterprise Architecture)의 개념을 정확히 이해하기 위해서는 전사(Enterprise)의 의미와 아키텍처(Architecture)의 의미에 대하여 정확히 이해하고 있어야 한다. 다음 중 아키텍처의 3가지 구성요소로 가장 거리가 먼 것은?

① 사람(Human) ② 모델(Model)
③ 원칙(Rule) ④ 계획(Plan)

3 전사아키텍처(EA, Enterprise Architecture) 수립의 범위를 명확히 하기 위해서는 우선 전사(Enterprise)의 범위를 명확히 정의해야 한다. 다음 중 전사의 정의와 거리가 가장 먼 것은?

① 전사는 기업이나 기관과 동일한 의미이다.
② 하나의 기업은 여러 개의 전사로 구성될 수 있다.
③ 전사는 구분 가능한 다수의 사업 영역으로 구성된다.
④ EA 수립에 관련된 모든 활동은 정의된 전사의 성과와 목표에 초점을 두어야 한다.

4 다음 중 전사(Enterprise)에 대한 개념으로 <u>틀린</u> 것은?

① 전사의 범위를 고려하기 위해서는 해당 기업 및 기관 뿐만 아니라 기업 및 기관을 둘러싸고 있는 외부 객체(예: 고객, 제휴업체, 유관기관 등)와의 역학관계를 반드시 고려해야 한다.
② 전사란 "공동의 목표를 추구하기 위해 고객, 상품, 서비스가 존재하고, 이를 지원하기 위한 자원 및 기술을 보유하며, 이에 관련한 업무 프로세스를 수행할 조직의 집합체"로 정의된다. 따라서, 한 개의 기업 및 기관을 여러 개의 전사로 구분할 수는 없다.
③ 전사는 계층구조(Hierarchy)를 가질 수 있다.
④ 자회사를 보유하고 있는 모기업의 경우, 전체 그룹사를 전사의 범위로 선정하여 통합적인 전사 아키텍처 프레임워크를 적용할 수 있다.

5 데이터아키텍처 전문가(DAP, Data Architecture Professional)가 전사아키텍처(EA, Enterprise Architecture) 관련하여 수행해야 할 일에 대한 설명으로 가장 <u>부적합한</u> 것은?

① EA 프로젝트의 데이터아키텍처(DA, Data Architecture) 정의 담당자로 참여하는 것은 바람직하다.
② EA 프로젝트를 수행할 때 EA 팀원이나 지원 인력으로 배정되지 않으면 관련이 없다.

③ 구축된 EA 원칙과 정보를 준수 및 활용해야 하고, 담당하고 있는 데이터 모델의 변경 정보가 EA 정보에 반영될 수 있도록 조치할 의무가 있다.

④ EA 프로젝트가 진행되지 않더라고 필요시에 데이터 부문만의 아키텍처 정립 작업을 수행할 수도 있다.

6 다음 중 전사아키텍처(EA, Enterprise Architecture) 프레임워크에 대한 설명으로 틀린 것은?

① 자크만(Zachman) 프레임워크는 다섯 가지 관점(Planner, Owner, Designer, Builder, Sub-contractor)과 각 관점에 따른 여섯 가지 묘사방법(Data, Function, Network, People, Time, Motivation)을 통하여 EA를 모델 형식으로 제시한다.

② 미연방정부 프레임워크(FEAF)는 참조모델(BRM, DRM, SRM, TRM, PRM) 기반의 EA 프레임워크이다.

③ 미 국방성의 아키텍처 프레임워크(DoDAF)는 효과적인 작전수행을 위해 무기 체계간의 상호운용성을 보장하기 위해 도입된 프레임워크이다.

④ 오픈그룹의 EA 프레임워크(TOGAF)는 목표아키텍처를 구축하기 위해 아키텍처 개발 프로세스 및 계획자, 소유자, 설계자, 개발자 관점의 구체적인 아키텍처 모델(매트릭스)을 제공한다.

7 A기업은 전사아키텍처(EA, Enterprise Architecture)를 추진 중에 관리되어야 할 아키텍처 정보의 수준을 어떻게 정의하는 것이 바람직한 것인지 협의하고 있다. 다음 중 아키텍처 매트릭스에 대한 내용 설명으로 가장 부적절한 것은?

① 아키텍처 매트릭스를 통해 아키텍처 정보를 분류하는 차원은 기업의 특성에 맞게 임의로 조정할 수 있다.

② 아키텍처 매트릭스는 EA 정보를 체계적으로 분류한 틀로써, 기업이 관리하려고 하는 EA 정보의 수준과 활용 계층의 분류를 통하여 결정 될 수 있다.

③ 아키텍처 매트릭스에서 뷰(View)는 비지니스, 애플리케이션, 데이터, 기술 등으로 구성하고, 관점(Perspective)은 계획자, 책임자, 설계자, 개발자 등으로 구성되어야 한다.

④ 아키텍처 도메인 구성은 기업이 아키텍처 매트릭스를 어떻게 정의하느냐에 따라 달라질 수 있다.

8 다음 중 참조모델에 대한 설명으로 틀린 것은?

① 참조모델은 아키텍처 구성요소를 식별하여 표준화한 것으로, 기관이나 기업의 전사아키텍처(Enterprise Architecture)를 수립 할 때 참조하는 추상화된 모델이다.

② 국내의 대표적인 참조모델은 범정부차원의 참조모델이 있으며, 그 내용은 업무, 서비스, 기술, 데이터, 성과 참조모델 등으로 구성된다.

③ 참조모델 중에서 데이터의 표준구조와 교환방식을 제시하는 데이터 참조모델의 활용도가 가장 높다.

④ 참조모델을 정의하는 방법은 산업군별로 특성을 추출하여 추상화시키는 방법과 산업내 대표적인 기업의 참조모델을 표본으로 정의하는 방법이 있다.

9 K대리는 A기업의 전사아키텍처(EA, Enterprise Architecture) 수립 프로젝트에서 데이터아키텍처(DA, Data Architecture) 업무를 담당하게 되었다. 다음 중 EA 프로젝트 수행 중 K대리가 담당하는 DA 수립 업무에 대한 설명으로 가장 <u>부적절한</u> 것은?

① 전사 데이터 영역 모델은 '개괄 데이터 모델'이라고도 하며 상위 수준에서 전사 데이터 영역을 분류하여 표현한 것이다.
② '개념 데이터 모델'은 전사 수준의 데이터 모델로써 중요 일반 속성까지 도출하여 표현한 데이터 모델이다.
③ '논리 데이터 모델'은 업무 요건을 충족시키기 위해 데이터의 상세 구조를 논리적으로 구체화한 것이다.
④ '물리 데이터 모델링'은 기술적 환경 및 특성을 고려하여 물리적 데이터 구조를 설계하고 데이터베이스 객체를 정의하는 것이다.

10 아키텍처 도메인의 구성은 기업이 아키텍처 매트릭스를 어떻게 정의하느냐에 따라 달라질 수 있다. 다음 중 일반적으로 적용되고 있는 아키텍처 도메인에 대한 설명으로 가장 <u>부적합한</u> 것은?

① 비즈니스 아키텍처(Business Architecture)는 기업의 경영목표 달성을 위해 업무구조를 정의한 아키텍처 영역으로 기업의 업무와 서비스의 실체를 명확히 하는 것이다.
② 애플리케이션 아키텍처(Application Architecture)는 기업의 업무를 지원하는 전체 애플리케이션을 식별하고 애플리케이션 구조를 체계화하는 것이다.
③ 데이터아키텍처(Data Architecture)는 기업의 업무 수행에 필요한 전체 데이터의 구조를 체계적으로 정의하는 것이다.
④ 기술 아키텍처(Technical Architecture)는 비즈니스 아키텍처, 데이터아키텍처, 애플리케이션 아키텍처 등의 상호관계를 전체적으로 표현하는 것이다.

11 전사아키텍처(EA, Enterprise Architecture)를 수립하는데 중요한 이슈 중에 하나는 전사 기술 인프라의 표준화이다. 다음 중 표준화를 위해서 정의하는 기술 참조모델에 대한 설명으로 틀린 것을 <u>모두</u> 고르시오.

① 기술 참조모델은 다른 참조모델에 비하여 구축하기 어렵고 기대효과가 적어 가장 나중에 적용하는 영역이다.
② 기술 참조모델은 몇 개의 서비스 영역으로 구성되고 서비스 영역은 다시 하위 수준의 서비스 범주로 구성될 수 있다.
③ 기술 참조모델을 개별 기업에서 적용하는 것은 일반적이지 않으며 큰 의미가 없다.
④ 기술 참조모델을 적용하면 시스템 간의 상호운용성을 향상시킬 수 있다.

12 전사아키텍처(EA, Enterprise Architecture)를 체계적으로 구축하여 운영하기 위해서는 아키텍처를 정의하고 관리하는 프로세스의 정립이 필요하다. 다음 중 EA 프로세스에 대한 설명으로 틀린 것은?

① EA 프로세스는 EA를 구축하고 관리하는 절차로서 IT 관리체계 전반에 걸친 모든 프로세스를 포함한다.
② EA 프로세스에는 일반화되어 있는 방법론을 적용하기보다 전사의 특성에 맞게 조정하여 적용하는 것이 바람직하다.
③ EA 프로세스는 EA 프레임워크의 구성요소 중의 하나이며, 다른 구성요소를 정의하기 위한 절차를 포함한다.
④ EA 프로세스는 EA에 대한 비전 수립, 구축, 관리, 활용 등의 단계를 포함한다.

13 최근 공공 부문에서 전사아키텍처(EA, Enterprise Architecture) 도입이 활발하게 진행되고 있다. 특히 정부에서는 아키텍처 도메인별 참조모델을 정의하여 발표하고 있는데, 다음 중 참조모델의 활용 목적과 효과에 대한 설명으로 틀린 것을 모두 고르시오.

① 참조모델은 다양한 용도로 활용될 수 있으며 용도에 따라 효과도 달라질 수 있다.
③ 서비스 참조모델을 적용하면 시스템 변화에 대한 대응 속도를 개선할 수 있다.
② 업무 참조모델을 활용하면 개선의 대상이 되는 업무를 보다 쉽게 파악할 수 있다.
④ 업무 참조모델을 활용하면 표준화에 따른 벤더 독립성을 제고할 수 있다.

14 데이터아키텍처(DA, Data Architecture) 담당자는 관련기관 및 상위기관의 데이터 참조모델을 이해하고 참고할 필요가 있다. 다음 중 데이터 참조모델의 활용 방안이나 효과에 대한 내용으로 가장 거리가 먼 것은?

① 개선의 대상이 되는 관련 데이터를 데이터 참조모델을 참조하여 파악할 수 있다.
② 개별 기관의 DA를 데이터 참조모델을 참조하여 정의할 수 있다.
③ 데이터의 재사용을 증대시키고 기업에 적합한 DBMS를 선택하는데 기준을 제공한다.
④ 데이터 참조모델을 사용하는 기관간 정보의 상호운용성과 교환을 촉진할 수 있다.

15 EA 프로세스에 대한 설명으로 가장 부적절한 것은?

① EA 프로세스는 EA를 구축하고 관리하는 전체 절차에 관한 것으로 작업의 단계, 공정, 내용 등을 정의하는 것이다.
② EA 프로세스는 일반화된 방법론이 있어 EA를 도입하고자 하는 기업은 일반화된 방법론을 그대로 따라야 한다.
③ EA 프로세스는 EA 비전 수립, EA 구축, EA 관리, EA 활용 등의 단계로 구분할 수 있다.
④ EA 구축 시에는 단계별로 보고회 및 워크샵 형태의 행사를 통해 이해관계자의 지속적인 참여를 유도해야 한다.

16 다음 중 전사아키텍처(EA, Enterprise Architecture) 참조모델의 구성요소인 기술 참조모델에 대한 설명으로 틀린 것을 모두 고르시오.

① 기술 참조모델은 상대적으로 구축하기 용이하고 기대효과가 커서 가장 먼저 적용하는 영역이다.

② 개별 기업에서 기술 참조모델을 적용하는 것은 일반적이지 않으며, 범정부 차원이나 엔터프라이즈가 여러 개인 대규모 기업에서만 필요하다.

③ 기술 참조모델은 시스템간의 상호운용성 증대를 위해서 기술표준을 강조하는 구조를 가지고 있다.

④ 기술 참조모델은 시스템 구축 할 때 사용할 기술들에 대한 표준 프로파일을 분류하는 기준으로 활용된다.

17 A기업은 얼마 전에 전사아키텍처(EA, Enterprise Architecture) 수립에 착수하였다. 먼저 EA 구축 방향을 정립하는 작업을 수행해야 하는데, 다음 중 EA 구축 방향 수립의 작업과 가장 거리가 먼 것은?

① 이행 계획 수립 　　　② EA 목적 및 범위 정의
③ EA 비전 수립 　　　④ EA 프레임워크 정의

18 A기관에서는 아키텍처 매트릭스의 의사결정 유형을 계획자, 책임자, 설계자, 개발자 등의 관점으로 구분하였다. 다음 중 아래의 설명에 해당하는 관점으로 적합한 것은?

아　래

> 업무전문가 관점에서 정의된 모델을 근거로 상세한 명세서를 작성한다. 조직기능 엔터티와 프로세스를 묘사하는 데이터 항목 및 기능들을 결정하는 시스템 분석가의 산출물과도 대응하게 되며 논리적 정보모델, 컴포넌트 및 응용디자인, 시스템 분배 및 전개, 인력 및 논리적 업무 프로세스 설계에 근거하여 정의한다.

① 계획자 관점 　　　② 책임자 관점
③ 설계자 관점 　　　④ 개발자 관점

19 다음 중 전사아키텍처 정보 구성에 대한 설명으로 부적절한 것을 모두 고르시오.

① EA 정보는 변화하지 않는 구성요소를 분석하여 정의하는 것이 이상적이다.
② EA 산출물과 EA 정보 구성요소는 같은 구조이다.
③ EA 정보 구성은 아키텍처 매트릭스를 통하여 정의되고 표현된다.
④ EA 정보는 상세하게 관리할수록 투자효과가 크다.

20 다음 중 참조모델의 활용 목적과 효과에 대한 설명으로 부적절한 것은?

① 업무 참조모델을 활용하면 개선의 대상이 되는 업무를 보다 쉽게 파악할 수 있고, 관련 기관 간의 업무흐름을 촉진할 수 있다.
② 데이터 참조모델을 활용하면 정보의 상호교환을 촉진하고, 데이터의 중복을 배제하며 재사용을 촉진할 수 있다.
③ 서비스 참조모델을 활용하면 신뢰성이 높은 시스템을 구축할 수 있고, 시스템 개발의 생산성과 품질 향상을 기대할 수 있다.

④ 기술 참조모델을 활용하면 시스템간의 상호운용성은 향상하나 표준화를 통한 벤더 독립성
은 적어진다.

21 다음 중 아키텍처 매트릭스 정의 시에 고려할 사항으로 <u>부적합한</u> 것을 <u>모두</u> 고르시오.

① 조직 내 다양한 계층의 사람들이 매트릭스에 포함된 산출물이 범위와 목적에 적합하게 정의
되었음을 확신할 수 있어야 한다.
② 아키텍처 도메인은 비즈니스, 데이터, 애플리케이션, 기술로 반드시 구성되어야 한다.
③ 아키텍처 매트릭스는 IT 조직의 성숙도를 고려해서 정의한다.
④ 전사아키텍처(EA, Enterprise Architecture) 정보를 공유정보로 구축하기 위해서는 EA
산출물에 포함된 정보를 중복이 없고 상호관계가 유기적으로 연결될 수 있는 'EA 정보 구성
요소'를 추가로 정의해야 한다.

22 다음 중 목표 아키텍처를 정의하는 방식으로 가장 <u>올바른</u> 것은?

① 목표 아키텍처 정의 작업을 수행할 경우, 각 관점에 따른 산출물의 일관성을 위해서 모든 관
점의 산출물을 동시에 정의하는 것이 일반적이다.
② 목표 아키텍처 정보 구축 할 때는 먼저 비즈니스 아키텍처(BA, Business Architecture)를
정의하고, 타 아키텍처를 정의하는 것이 바람직하다.
③ 목표 아키텍처 정의 작업은 전사 외부의 Best Practice를 반영하는 것이므로 반드시 참조
모델이 존재해야 한다.
④ 목표 기술아키텍처 정보 구축은 목표 BA를 잘 지원할 수 있는 기술 아키텍처(Technical
Architecture)를 정의해야 한다.

23 다음 중 전사아키텍처(EA, Enterprise Architecture) 정보 구축 방식에 대한 설명으로
가장 <u>부적절한</u> 것은?

① EA 정보를 구축 방법은 상향식과 하향식이 있다.
② 상향식 방식은 조직의 모든 업무가 포함되는 것을 보장할 수 있는 장점이 있는 반면 상위 업
무 기능 분류의 수준이 서로 다르게 나타날 수 있는 단점이 있다.
③ 하향식 방식은 관점이 명확한 장점이 있는 반면 일부 구성요소가 누락될 수 있는 단점이 있다.
④ EA 정보 구축은 존재하는 산출물만을 기준으로 작성한다.

24 A기업의 전사아키텍처(EA, Enterprise Architecture) 수립 프로젝트를 담당하고 있는
K차장은 관리해야 할 EA 정보의 수준을 결정하기 위하여 아키텍처 매트릭스를 정의 하
고 있다. 다음 중 아키텍처 매트릭스를 정의 할 때 고려할 사항으로 <u>부적합한</u> 것은?

① 조직안에 포함된 다양한 계층의 사람들이 아키텍처 매트릭스에 포함되는 산출물의 범위와
목적이 적합하게 정의되었음을 확신할 수 있어야 한다.
② 아키텍처 매트릭스는 기업의 조직문화, 의사결정 등에 따라 산출물이 달라지므로 기업의
조직문화와 의사결정구조를 고려해서 정의해야 한다.

③ 아키텍처 매트릭스는 실제 시스템과 아키텍처 개발표준에 대한 준수성을 높이고 조직별로 통일된 접근이 가능하도록 정의해야 한다.

④ 모든 아키텍처 정보간의 상호연관성을 정의하는 것은 비효율적이므로 데이터와 애플리케이션간의 상호연관성을 중심으로 정의해야 한다.

25 A기업은 전사아키텍처(EA, Enterprise Architecture)를 수립하고 있는데, 지난 주에 EA 수립 방향을 수립하였고 금주부터는 이를 바탕으로 현행 아키텍처 정보 구축에 착수하려고 한다. 다음 중 현행 아키텍처 정보 구축에 대한 설명으로 가장 <u>부적절한</u> 것은?

① 현행 아키텍처는 현재의 업무나 정보시스템에 대하여 기존의 자료를 분석하여 EA 정보를 구축한다.

② 현행 아키텍처는 상위 수준의 업무기능과 시스템에 대한 분류체계를 정의 한 후 나머지 하위의 정보 구축은 병렬적으로 수행할 수 있다.

③ 현행 아키텍처는 아키텍처 매트릭스와 무관하게 EA 정보를 구축해도 된다.

④ 현행 아키텍처는 조직의 EA 도입 목적을 고려해서 정의될 정보수준을 결정하는데 현행 아키텍처 중심의 EA 프로젝트인 경우 현행 아키텍처에 대해서는 아키텍처 매트릭스에 정의된 산출물을 모두 정의하는 것이 바람직하다.

26 A기업은 전사아키텍처(EA, Enterprise Architecture)를 수립하고 있는데, 지난 달에 EA 수립 방향을 정립하였고, 이번 달부터는 현행 아키텍처 정보를 구축하려고 한다. 다음 중 현행 아키텍처의 정보구축에 대한 설명으로 가장 <u>부적절한</u> 것은?

① 현행 아키텍처는 현재의 업무나 정보시스템의 기존 자료를 분석하여 EA 정보를 구축한다. 따라서, 현행 아키텍처 정보는 아키텍처 매트릭스를 그대로 따를 수 없다.

② 현행 아키텍처 구축은 상위 수준의 업무기능과 시스템에 대한 분류를 우선적으로 수행하고, 그 기준에 따라 나머지 정보를 구축하는 것이 효율적이다.

③ 현행 애플리케이션 아키텍처의 정보구축은 업무기능 분류를 기반으로 전사 애플리케이션을 분류하고 이들 간의 연관관계를 분석하는 것에서부터 시작된다.

④ 현행 데이터아키텍처의 정보구축 방법 중에서 하향식 방법은 기업의 업무 수행을 위해 필요한 데이터 요건을 식별하여 데이터 모델로 표현하며, 상향식 방법은 각 시스템에서 사용하는 데이터 정보를 분석하여 데이터 모델로 정련하여 표현한다.

27 A기업은 전사아키텍처(EA, Enterprise Architecture) 수립하고 있는데, 지난 주에 현행 아키텍처 정의를 완료하고 이제 목표 아키텍처의 정의에 착수하려고 한다. 목표 아키텍처 정보 구축에 대한 설명으로 가장 <u>부적절한</u> 것은?

① 목표 아키텍처는 현행 아키텍처에 대한 문제점과 개선사항을 도출하고 이를 목표 아키텍처에 반영하는 방식으로 진행한다.

② 목표 아키텍처는 비즈니스 아키텍처를 먼저 정의하고 이를 효율적으로 지원하는 데이터, 애플리케이션, 기술 아키텍처를 정의하는 것이 바람직하다.

③ 조직의 EA 도입 목적을 고려해서 정의될 목표 아키텍처 정보수준을 결정해야 하는데 목표

아키텍처 EA 구축 초기에는 현행 아키텍처와 달리 아키텍처 매트릭스의 개념적 수준까지 정도를 정의하는 것이 일반적이다.

④ 비용 대비 효과를 고려하고 비즈니스와 기술환경 변화에 대한 유연성을 확보하기 위해서 목표 아키텍처를 EA 도입 초기부터 상세 수준까지 정의하는 것이 바람직하다.

28 전사아키텍처(EA, Enterprise Architecture) 관리시스템은 EA 정보를 구축, 관리, 활용 등 모든 EA 업무 프로세스에 대한 효율성 제고를 지원하기 위한 정보시스템이다. 다음 중 EA 관리시스템에 대한 설명으로 틀린 것은?

① EA 관리시스템은 업무·데이터·애플리케이션·기술 아키텍처 정보 등을 도식화하여 표현할 수 있는 모델링 도구를 말한다.

② EA 관리시스템을 활용하면 아키텍처 정보를 공유할 수 있어서 해당 조직의 각 EA 아키텍처 요소를 이해관계자들이 정확하게 파악할 수 있다.

③ EA 관리시스템은 현업과 IT가 공유할 수 있는 모델을 제공하므로써 현업과 IT의 의사소통 시에 오류를 줄일 수 있다.

④ EA 관리시스템을 활용하면 업무와 IT 서비스간의 차이분석을 할 수 있다. 또한 현행 아키텍처와 목표 아키텍처간의 차이분석을 손쉽게 할 수 있어 시스템 개선에 대한 빠른 의사결정을 내릴 수 있다.

29 A기업은 전사아키텍처(EA, Enterprise Architecture)를 수립하고 있는데 EA 정보 구축과 더불어 EA 관리체계를 정립하고자 한다. 다음 중 EA의 관리체계를 정착시키기 위해서 고려되어야 할 사항으로 부적합한 것을 모두 고르시오.

① 정의된 EA 조직체계, 프로세스체계 등을 문서화하여 전 조직이 준수할 수 있도록 제도화 한다.

② EA 관련 제반 이해당사자의 EA 인지도 향상 및 업무수행 시에 EA 정보 활용도 증진을 위해서 적절한 교육 프로그램을 제공한다.

③ EA 관리체계를 주기적으로 점검하고 개선점을 도출하여 반영할 수 있는 제도적 장치를 마련한다.

④ EA 도입에 따른 변화관리는 EA 도입 후에 시간이 어느 정도 경과한 뒤에 시작하는 것이 바람직하다.

30 구축된 전사아키텍처(EA, Enterprise Architecture) 정보를 효과적으로 관리하고 활용하기 위해서는 EA 관리체계를 정립하는 것이 매우 중요하다. 다음 중 효과적인 EA 관리체계를 구축하기 위해 고려되어야 할 사항으로 부적절한 것은?

① 정의된 EA 조직체계, 프로세스체계 등을 문서화하여 전 조직이 준수할 수 있도록 제도화한다.

② EA 관련 제반 이해당사자들에게 지속적으로 선진 참조모델을 교육하는 것이 가장 중요하다.

③ EA 관리체계를 주기적으로 점검하고 개선점을 도출하여 반영할 수 있는 제도적 장치를 마련한다.

④ EA 관리시스템의 활용도와 만족도를 주기적으로 점검하여 시스템 품질을 지속적으로 개선해 나간다.

31 A기업은 전사아키텍처(EA, Enterprise Architecture) 정보를 구축하고 있는데 EA 정보의 효과적 활용을 위해서 EA 관리조직을 정의하려고 한다. 다음 중 EA 관리 조직의 정의에 대한 설명으로 가장 <u>부적절한</u> 것은?

① EA 관리조직을 별도 조직으로 구성할 수 없는 중소 규모의 IT 조직일지라도 EA 관리 전담 조직을 반드시 신설해야 한다.

② EA 정보를 관리하기 전문조직은 조직의 규모가 있을 경우 아키텍처 영역별로 정의하는 것이 바람직하다.

③ EA 구축의 목적이 신시스템 구축을 위한 계획 수립이라면 PMO(Project Management Office)와 EA 관리 전담 조직을 동시에 정의하는 것이 바람직하다.

④ EA 관리조직은 계획자 수준에서 실무자 수준까지 다양한 시각에서 책임과 역할이 명확히 정의되어야 한다.

32 전사아키텍처(EA, Enterprise Architecture) 구축 후에 효과적인 활용을 위해서는 EA 관리체계의 정립이 무엇보다도 중요하다. 다음 중 EA 관리체계의 EA 관리조직에 대한 설명으로 가장 <u>부적절한</u> 것은?

① 구축된 EA 정보를 담당하는 전담 조직이 없다면 EA 정보는 하나의 문서에 불과함으로 적절한 조직을 구성하는 것이 중요하다.

② 현업과 IT 조직 간의 의사소통에 문제가 있을 경우에는 현업의 요건을 종합적으로 관리하는 조직을 추가로 정의할 필요가 있다.

③ EA 관리조직 체계는 EA 관리를 위해서 필요한 직무와 직무 간의 관계, 업무분장 등을 정립하는 것으로 정보관리의 전체 조직과는 상관이 없다.

④ EA 관리체계 정착을 위해서는 현업부서에서도 EA를 이해하고, EA 정보를 활용하며, IT 혁신에 대한 적극적인 의견을 제시할 필요가 있다.

33 다음 중 EA 관리시스템의 핵심 구성요소로 가장 거리가 먼 것은?

① EA 정보를 생산하는 모델링 도구

② EA 프로젝트 관리도구

③ EA 정보를 저장 관리하는 EA 리파지토리(Repository)

④ EA 정보를 활용하는 EA 포탈

34 전사아키텍처(EA, Enterprise Architecture) 정보는 일상적인 IT 업무활동에서 활용되어야 한다. 다음 중 EA 정보의 활용 사례로써 IT 기획관리 업무에 대한 설명으로 <u>적절한</u> 것은?

① 기존시스템 개선 및 신규시스템 개발을 위해 기준 및 참조정보를 제공한다.

② 중복을 배제한 효과적인 시스템 투자계획 수립에 활용한다.

③ 도입되는 시스템이 전사(Enterprise) 표준을 준수하는지 통제함으로써 상호운용성, 유지보수 편리성 등을 확보한다.

④ 시스템 변경 시에 영향도를 파악하여 위험을 최소화한다.

35 A기업은 대규모 기업으로 현재 전사아키텍처(EA, Enterprise Architecture) 수립을 추진 중에 있는데 담당 PM은 구축된 EA 정보가 어떻게 하면 잘 활용될 수 있을지 고민 중이다. 다음 중 EA 정보가 효과적으로 활용되기 위해서 고려되어야 할 사항으로 <u>부적절한</u> 것은?

① EA 관리시스템을 자체로 구축해야 한다.
② EA 정보의 품질이 보장되어야 한다.
③ EA 정보를 관리하고 통제할 수 있는 전담 조직이 구성되고 운영되어야 한다.
④ EA 정보를 전사적으로 공유하고 활용할 수 있는 절차와 시스템이 필요하다.

36 A사는 대규모 기업으로 현재 전사아키텍처(EA, Enterprise Architecture)를 수립하고 있는데, 담당 책임자는 구축된 EA 정보의 효과적인 활용방안에 대해 연구 중이다. 다음 중 EA 정보가 보다 효과적으로 활용되기 위한 필요 사항으로 가장 거리가 먼 것은?

① EA 정보 자체의 품질이 보장되어야 하고 현행 및 목표시스템의 아키텍처 정보를 항상 최신의 상태로 유지한다.
② EA 정보를 관리하고 적용을 통제할 수 있는 전담 조직이 구성·운영 되어야 한다.
③ EA 정보를 전사적으로 공유하고 활용할 수 있는 절차와 시스템이 필요하다.
④ EA 정보 관리시스템은 패키지를 도입하여 구축된다.

37 다음 중 K대리가 데이터아키텍처(DA, Data Architecture) 담당자로써 회사에서 수행해야 하는 역할과 가장 거리가 먼 것은?

① DA 담당자로써 DA를 정의하는데 있어 회사에서 정의한 EA 정보와 항상 연계하여 생각한다.
② 데이터 관리 영역을 DA 원칙, DA 정보, DA 관리 등으로 구분한다면 DA 담당자는 'DA 정보'에 대한 업무만을 수행하면 된다.
③ EA에서 정의된 원칙과 정보를 이해하고 준수해야 하며 데이터아키텍처 영역에서 구체화할 수 있는 것은 더 상세화시킨다.
④ 데이터 부문에서 발생하는 변경사항이 EA 정보에 적절히 반영될 수 있게 한다.

38 전사아키텍처(EA, Enterprise Architecture) 정보는 IT 업무 전반에 활용된다. 다음 중 EA 정보의 핵심적 활용과 가장 거리가 먼 것은?

① 기업 전략 수립 : 경영환경 분석 내용을 바탕으로 기업의 마케팅 전략과 상품 전략을 수립할 수 있다.
② 정보화 계획 수립 : 정보화 전략 계획 수립 시에 활용할 수 있으며, 중복을 배제한 효과적인 시스템 투자 계획 수립에 활용한다.
③ 시스템 개발 : 기존시스템 개선과 신규시스템 개발을 위한 기준 및 참조 정보를 제공하며, 시스템 간의 연계성 및 재사용 대상을 식별할 수 있다.
④ IT 통제 : 도입되는 시스템의 전사 표준에 대한 준수 여부를 통제함으로써 상호운용성, 유지보수 편리성 등을 확보할 수 있다.

39 데이터아키텍처(DA, Data Architecture)는 전사아키텍처(EA, Enterprise Architecture)를 기반으로 구축되어야 한다. 다음 중 EA에 관련하여 DA가 이루어야 할 3가지의 통합성과 거리가 먼 것은?

① EA 범위 전체에 대한 각 모델 내의 불일치성을 제거한다.
② 관련된 타 도메인(업무, 데이터, 애플리케이션, 기술 등)과의 불일치성을 제거한다.
③ 현행 아키텍처와 목표 아키텍처의 불일치성을 제거한다.
④ 관련된 관점(계획자, 책임자, 설계자, 개발자 등)간의 불일치성을 제거한다.

40 다음 중 아키텍처 매트릭스의 시점과 데이터아키텍처(Data Architecture) 산출물의 연결이 가장 <u>보적절한</u> 것은?

① 계획자 : 데이터 표준
② 책임자 : 개념 데이터 모델
③ 설계자 : 논리 데이터 모델
④ 개발자 : 데이터베이스 객체

과목 II

데이터 요건 분석

과목 소개

　정보시스템 구축에 있어서 가장 관심을 가지고 세밀하게 진행해야 할 일 중 하나는 사용자가 원하는 정보 요구 사항이 무엇인지 정확하게 파악하고, 이를 효과적으로 분석, 구축하기 위해 필요한 요구 사항을 분석하는 것이다. 다양하게 증가하고 있는 정보 요구 사항을 전체적이고 체계적으로 신속, 정확하게 분석하지 않으면 향후 설계 및 개발 단계에서 어려움이 예상된다.

　본 과목에서는 사용자의 요구 사항을 수집하기 위한 각종 기법과 수집된 요구 사항을 어떤 방법으로 분석해서 검증하는지에 대한 사항을 테스트한다.

41 K대리는 그 동안 현장에서 영업을 하면서 불편했던 업무적인 보완사항과 신규 개발사항들을 이번 프로젝트를 통해서 시스템에 적용하고자 한다. 이러한 상황에서 프로젝트 팀에게 전달해야하는 문서로 가장 적합한 것은?

① 정보 분석서   ② 정보 요구 사항
③ 정보 목록   ④ 정보 항목 분류표

42 A기업은 재무정보시스템 구축 프로젝트의 분석단계에서 사용자의 정보 요구 사항을 수집 및 정리하는 작업을 진행 중이다. 수집된 정보 요구 사항을 정리하는 과정에서 정보 요구 사항의 유형을 외부 인터페이스, 기능, 성능, 보안 등의 개선요건으로 구분하였다. 다음 중 정보 요구 사항 유형별 관리기준으로 부적절한 것은?

① 외부 인터페이스 : 기존과 동일한 형태의 인터페이스 존재 여부
② 보안 개선 : 측정이 불가능한 형태 판단 여부
③ 기능 개선 : 많은 사용자가 편리하게 사용할 수 있는 요건의 우선 적용 여부
④ 성능 개선 : 현행 기술 수준과 서비스 특성을 고려한 구현 가능 여부

43 K대리는 전사 자원관리 프로젝트를 위해 사내 부서들과 사전 협의를 통해 분석 단계의 주요 소스로 사용될 사용자 및 시스템 관점의 정보 요구 사항들을 수집하고 있다. 정보 요구사항의 소스 문서로 가장 부적합한 것은?

① 현행 시스템 분석서
② 현행 사용자 요구 사항 정리문서
③ 현행 업무처리 매뉴얼
④ 현행 시스템 개선과제 및 문제점 정리문서

44 다음 정보 요구 사항 관리 프로세스의 요소들이다. 프로세스를 순서대로 바르게 나열한 것은?

아 래

가. 정보 요구 사항 검토	나. 영향도 분석
다. 반영 작업 계획 수립	라. 정보 요구 사항 발송
마. 정보 요구 사항 수렴	바. 공식화

① 라 – 마 – 가 – 나 – 다 – 바
② 라 – 마 – 가 – 나 – 바 – 다
③ 가 – 마 – 라 – 나 – 바 – 다
④ 가 – 마 – 라 – 나 – 다 – 바

45 다음 중 요구 사항을 명확하게 정의하고 개발하기 위해서 필수적으로 진행할 단계가 <u>아</u>닌 것은?

① 정보 요구 사항 상세화
② 정보 요구 사항 분석 및 정의
③ 정보 요구 사항 검토 및 리뷰
④ 정보 요구 사항 표준화

46 A기업의 H대리는 회계팀 P과장으로부터 현행 시스템의 불편사항을 해결해달라는 요건을 접수받았다. P과장의 불편사항 중 하나는 매일아침 당일의 B/S(재무제표) 실적을 조회하는데, 처리시간이 과다하게 소요되어 불편하다는 것이었다. 접수받은 요건을 분류하여 담당자에게 할당하려고 할 때, 분류 유형으로 <u>적합한</u> 것은?

① 보안 개선 요건
② 성능 개선 요건
③ 기능 개선 요건
④ 외부 인터페이스 개선 요건

47 프로젝트 관리자인 K부장은 참여자로부터 새로운 요구 사항에 대한 의견과 아이디어도 얻고, 방향을 도출하고자 질문법(Questioning)으로 세션을 진행하기로 하였다. 다음 중 K가 선택할 수 있는 질문법의 종류로 거리가 먼 것은?

① 타이-다운(Tie-down) 질문법
② 대안진보(Alternate Advance) 질문법
③ 포커핀 또는 부메랑(Porcupine or Boomerang) 질문법
④ 노미날 그룹(Nominal Group Technique) 질문법

48 사용자의 정보 요구 사항을 수집하는 방법으로 관련 문서 조사, 업무조사서 작성, 사용자면담 실시, 워크숍 수행, 설문조사 등 여러 가지 방법이 있다. 다음 중 워크숍 수행의 목적으로 <u>부적당한</u> 것은?

① 정보시스템에 대한 관리 수준, 문제점, 현안 등을 파악한다.
② 경영층 또는 현업 부서장의 공통된 의견을 도출한다.
③ 유사업무 또는 관련업무를 수행하는 부서에 대한 면담비용을 절감한다.
④ 전문가들의 판단력을 이용하여 최적의 결론을 도출한다.

49 기획부서로부터 '월별 영업점 상품 실적' 화면에 대한 수정 · 보완 의뢰서를 접수하였다. 이를 반영하기 위해 어떤 영향이 있는지 전체적으로 영향도 분석 및 조사를 실시하기에 가장 <u>적합한</u> 사람은?

① 요구 사항을 요청한 사람
② 전사 관점의 데이터아키텍처 담당자
③ 요구 사항을 개발하는 담당자
④ 담당 부서의 관리자

50 K기업은 지난해 수립된 '정보시스템 중장기 발전방안 마스터 플랜(Master Plan)'에 따라 금년 상반기부터 구매시스템을 신규로 구축하고자 한다. 이에 전산기획부서 및 구매부서에서는 전산시스템 개발에 필요한 서류와 문서들을 수집·정리하고 있다. 다음 중 구매시스템을 신규로 구축하기 위하여 수집하고 있는 문서로 가장 <u>비효율적인</u> 것은?

① 현행 시스템 데이터 모델(ERD)
② 현행 시스템 문제점 및 개선사항
③ 현행 시스템 전산출력 의뢰서
④ 신규 시스템에 대한 구매부서 요구 사항 정의서

51 팀 및 개인의 역할과 책임을 기술해 제출하라는 프로젝트 관리자의 지시사항이 있었다. 데이터아키텍처 담당자인 Y는 본인의 역할을 정리하는 과정에서 데이터베이스 관리자(DBA)와의 역할과 혼동하고 있다. 다음 중 Y가 수행할 역할로 <u>부적합한</u> 것은?

① 변경 및 신규개발 요건에 대한 검토
② 요청 사항 내용 중 미결 사항에 대한 검토
③ 개발요건에 대한 테스트 및 검증
④ 데이터에 대한 표준제시 및 검토

52 프로젝트 분석 단계 초기에 업무요건이나 업무절차의 조사방법 중에는 면담 기법이 있다. 각 면담을 진행하기 위해 2명 이상으로 면담 진행팀을 구성하고자 할 때, 다음 중 면담 대상자와 면담 진행팀의 역할에 대한 설명으로 <u>틀린</u> 것은?

① 면담대상자 : 업무에 대해서 면담자에게 명확하고 이해하기 쉽게 설명해 주어야 한다.
② 기록자 : 면담 종료 시에 기록 내용 중에 주요 사항을 확인한다.
③ 면담자 : 면담의 취지를 설명하고 면담 주제의 범위에서 이탈 시에는 주의를 환기시킨다.
④ 관찰자 : 수행 의도대로 면담진행 여부 및 최종적 면담종료에 대해 판단한다.

53 새로운 방법으로 창구직원에 대한 활동원가를 집계하고자 기준을 제시하였으나, 기준에 따라 이해당사자의 득실에 차이가 많아 결론을 내리지 못하였다. 효율적으로 결론을 도출할 수 있는 기법으로 <u>적합한</u> 것은?

① 워크샵 기법   ② 사용자 면담 기법
③ 브레인 스토밍 기법   ④ 업무 매뉴얼 조사 기법

54 다음 중 면담팀 구성 단계에 있어서 반드시 고려해야 할 내용이 <u>아닌</u> 것은?

① 면담팀은 가능하다면 2-3인으로 구성하도록 한다.
② 면담 팀원간 역할을 구분하도록 한다.
③ 면담 기록자나 관찰자는 사전에 업무를 습득하도록 한다.
④ 프로젝트 후원자의 추천을 받아 선별하도록 한다.

55 'New Feature' 프로젝트를 통해 A기업의 경영환경을 정리한 후 경영전략을 체계적으로 정리하고, 현재 적용하고 있는 정보기술, 전산장비, 정보시스템, 데이터저장소 등의 현황을 조사하고, 활용도를 평가하기로 하였다. 다음 중 이를 위한 조사기법으로 <u>부적합</u>한 것은?

① 경쟁환경 분석   ② SWOT 분석
③ RAEW 분석   ④ Activity 분석

56 수집된 사용자 정보 요구 사항에 대해 우선순위를 부여하고, 부여된 우선순위에 맞게 절차적으로 진행되기 위해서 적용할 수 있는 기법이 있다. 이 중 화폐가치 산출법에 대한 설명으로 <u>틀린</u> 것은?

① 정보 요구 사항 간의 상호 관련성을 평가하여 1점부터 3점까지 점수를 부여한다.
② 시스템 차원의 중요성을 평가하여 1점부터 3점까지 점수를 부여한다.
③ 기업 차원의 중요성을 평가하여 1점부터 3점까지 점수를 부여한다.
④ 3가지 점수를 곱하여 총점 대비 각각의 정보 요구 사항 가치를 백분율(%)로 환산한다.

57 현업의 정보 요구 사항 파악을 위해 사용자 면담이 계획되어 있다. 다음 중 현업 내 사용자 면담 대상자를 선발하는 방법으로 가장 <u>적합</u>한 것은?

① 업무에 대해 명확하게 설명할 수 있는 사람으로 선발한다.
② 면담은 통상적으로 2인으로 구성하여 면담 기록에 누락이 없도록 한다.
③ 현업의 관련분야에 정통한 전문가를 집중적으로 선발한다.
④ 면담에 대한 부담을 줄이기 위하여 면담 진행자와 안면이 있는 사람으로 구성한다.

58 L컨설턴트는 고객관계관리(CRM) 시스템을 구축하기 위해 정보 요구 사항을 수집하고자 해당 은행 마케팅 담당자와 면담을 수행하기로 하였다. 다음 중 면담 수행시 고려해야 할 사항으로 가장 <u>부적합</u>한 것은?

① 면담 내용에 대하여 문서화 작업을 수행한다.
② 전문가 의견을 토대로 결과를 작성한다.
③ 면담 대상자의 업무 범위를 준수한다.
④ 면담시간을 준수한다.

59 A기업은 '신규대출처리'에 대한 기능정의와 하부 프로세스를 분해하여 논리적으로 계층화하고자 한다. 다음 중 분석 기법으로 가장 <u>부적합</u>한 것은?

① 가치사슬 분석
② 전문성에 의한 분석
③ 생명주기에 의한 분석
④ 본원적 분석

60 H대리는 고객사의 경영기획부서 사용자들과 인터뷰를 진행해야 한다. 사용자 인터뷰를 준비하는 단계마다 많은 주의사항과 고려사항들이 있으나 면담팀의 구성여부에 따라 면담의 성패가 좌우될 수 있다. 다음 중 H대리가 면담팀 구성 단계에서 반드시 고려해야 할 내용이 <u>아닌</u> 것은?

① 사용자 부서를 위한 면담팀은 가능하다면 2-3인으로 구성한다.
② 면담을 원활하게 하고 내용을 누락 없이 기술하기 위해서 팀원 간의 역할을 구분한다.
③ 면담 기록자나 관찰자는 경영기획부서의 업무를 사전 습득해야 한다.
④ 프로젝트 후원자나 관리자의 추천을 받아 선별하도록 한다.

61 수집, 정리된 정보 요구사항에 대하여 시스템 차원의 중요성을 평가하여 점수를 부여하고, 각 점수의 합을 통해 정보가치의 퍼센트를 산정하였다. 이러한 정보 요구 사항의 우선순위를 분석하는 방법으로 <u>옳은</u> 것은?

① 화폐가치 산출방법
② 정보 요구 매트릭스 분석방법
③ CRUD 분석방법
④ 상대적 중요도 산정방법

62 프로젝트 관리자인 L부장은 본사의 지원(Staff)부서, 지방 및 지점부서 등으로부터 많은 사용자 요구 사항을 접수했다. 이에 L부장은 각 요구사항이 목적을 지원하면 5점, 목표를 지원하면 4점, 전략을 지원하면 3점 등으로 표현되는 매트릭스를 작성하여 개별적인 가중치를 부여하고, 가중 평균을 이용하여 개별 요구 사항에 대한 중요도를 산출한 후에 우선순위를 부여했다. L부장이 사용한 우선순위 분석방법으로 <u>적합한</u> 것은?

① 상대적 중요도 산정 방법
② 요구 사항 가치평가 방법
③ 화폐가치 산출 방법
④ 우선순위 중요도 분류 방법

63 K대리는 업무영역/현행시스템 매트릭스 기법을 이용하여 분석대상 현행시스템을 정의한 후에 해당 현행시스템 관련 문서를 수집하였다. 다음 중 필요한 문서들을 빠짐없이 수집하였는지 평가하기 위해 K대리가 검토하는 기준으로 <u>부적합한</u> 것은?

① 유용성 : 수집된 문서가 활용가능한지 검토한다.
② 완전성 : 문서의 내용에 누락된 부분이 없는지 검토한다.
③ 정확성 : 문서의 내용이 현재 시스템과 일치하는지 검토한다.
④ 확장성 : 문서가 최신의 내용을 반영하고 있는지 검토한다.

64 H대리는 현행 업무 분석 대상을 정의하기 위해서 업무영역 선정 작업과 현행 시스템 선정 작업을 진행하였다. 매트릭스 기법을 이용하여 업무영역 1현행시스템 매트릭스를 분석하기에 앞서 관련 시스템에서 문서들을 빠짐없이 수집했는지 평가하기 위해 H대리가 검토해야 하는 기준이 <u>아닌</u> 것은?

① 유용성   ② 완전성
③ 정확성   ④ 적시성

65 프로세스 계층도를 도식화 하는 이유는 정보 요구 사항을 상세화 하기 위한 기본 단계로 단위업무 기능별로 기본 프로세스를 도출하기 위함이다. 다음 중 프로세스 계층도의 모듈성이 확보되기 위한 분해 기준으로 <u>적합한</u> 것은 ?

① 응집도가 높을수록, 결합도가 낮을수록
② 응집도가 낮을수록, 결합도가 높을수록
③ 응집도가 높을수록, 결합도가 높을수록
④ 응집도가 낮을수록, 결합도가 낮을수록

66 프로세스는 실제 업무가 수행되는 행위로써 입력과 출력을 가지며 내부 로직(Logic)을 수행한다. 따라서, 프로세스를 정확하게 분석하는 일은 사용자 업무를 이해하는 첫걸음이 된다. 다음 중 프로세스 관점에서 정보 요구를 상세화하는 작업 내용으로 <u>부적합한</u> 것은?

① 프로세스별로 정보 항목의 통합성 및 분리성 여부를 검토한다.
② 프로세스별로 정보 항목을 도출하고 표준화 한다.
③ 프로세스별로 CRUD 분석을 실시한다.
④ 프로세스 분해 및 상세화 작업을 수행한다.

67 다음 중 정보 요구 사항 상세화 방법 중 객체지향 관점에서 사용자와 의사소통을 원활하게 도와주고, 시스템과 사용자간의 관계흐름을 표현하여 요구 사항을 쉽게 파악할 수 있는 방법으로 <u>적합한</u> 것은?

① 정보 요구 사항 맵   ② 유즈케이스 다이어그램
③ 클래스   ④ 액터

68 다음 중 요구 사항 분석가가 상관분석을 수행할 경우에 나타나는 현상으로 <u>옳은</u> 것은?

① 상관분석 수행에 있어 가장 중요한 요소인 객관성을 확보할 수 있다.
② 프로젝트 내부 인력의 적극적인 참여와 지원이 필요하다.
③ 상관분석 수행에 필요한 업무 파악의 한계점이 존재한다.
④ 정보 요구 사항과 관련된 업무팀과 의사소통이 원활하므로 프로젝트를 인력 변동 없이 원활하게 수행할 수 있다.

69 사용자와 의사소통이 원활하게 되도록 도움을 주는 유즈케이스 다이어그램 분석기법의 필수적 구성요소로 거리가 먼 것은?

① 액터(Actor)
② 유즈케이스(Usecase)
③ 유즈케이스 관계
④ 시스템경계

70 H대리는 약 3개월간 진행된 분석단계에서 사용자의 요구 사항들이 잘 반영되었는지 확인하기 위해 1박 2일로 사용자가 포함된 상태에서 검토회의를 진행할 예정이다. 현재 회의 계획서를 작성하던 중 사용자는 자신의 요구 사항이 잘 반영되었는지, 분석/설계자는 사용자의 요구 사항을 잘 이해하여 처리하였는지를 검토할 수 있는 재검토 기준을 도출하였다. 다음 중 재검토 기준에 포함되지 않는 것은?

① 사용자의 정보 요구 사항의 누락 여부에 대한 검토 기준
② 사용자의 정보 요구 사항이 정확성 검토 기준
③ 사용자의 정보 요구 사항에 따른 영향도 파악에 대한 검토 기준
④ 사용자의 정보 요구 사항에 대한 주도성 검토 기준

71 K과장은 약 1.5개월간의 분석공정을 거쳐 H대리의 정보 요구 사항을 반영하였는데 요구 사항이 정확하게 반영 되었는지 시스템 및 산출물에 대한 리뷰(Review)를 실시하고자 한다. 다음 중 산출물별 체크리스트 기준에 일반적으로 포함되지 않는 것은?

① 일관성
② 주관성
③ 정확성
④ 완전성

72 일반적으로 정의된 정보 요구 사항은 정보항목/애플리케이션 상관분석, 정보항목/업무기능 상관분석, 정보항목/조직 상관분석 등의 기법으로 수집된 사용자 정보 요구 사항이 적절하게 반영되었는지를 검증한다. 다음 중 상관분석 기법의 설명으로 틀린 것은?

① CRUD 매트릭스 분석 수행 과정에서 기본 프로세스가 사용하는 정보항목에서 복수의 액션이 발생하는 경우에는 C(create) 〉 D(delete) 〉 U(update) 〉 R(read)의 우선순위에 따라 기술한다.
② 모든 정보항목이 모든 기본 프로세스에서 사용되는지 혹은 기본 프로세스가 모든 정보항목을 사용하고 있는지를 확인한다.
③ 업무기능/조직 대 정보항목의 상관분석에서 정보항목의 생성, 수정, 삭제 등을 'C(Create, Change)'로 표시한다.
④ 업무기능/조직 대 정보항목의 상관분석에서 정보항목 값의 변경 없이 검색만 하는 경우에는 'R(Read)'로 표시한다.

73 다음 중 사용자의 정보 요구 사항이 완전하게 도출 되었는지를 검증하기 위해서 '정보 요구 사항 대 애플리케이션 상관분석' 기법을 이용하고자 할 때, 가장 <u>적합한</u> 것은?

① CRUD 매트릭스 분석기법
② RAEW 매트릭스 분석기법
③ 변환 매트릭스 분석기법
④ 요구 사항 추적 매트릭스 분석기법

74 아래 정보항목/애플리케이션 CRUD 매트릭스의 정보항목 중에서 교과목, 담당교수, 교육시간, 교육장소, 수강일자 등을 관리하는 수강신청내역은 교육신청관리 프로세스에 의해 등록되며 교육신청변경관리 프로세스는 등록된 수강신청내역을 검색 후 변경사항을 처리하거나 재등록하기 위하여 등록된 내역을 취소한다는 가정하에 (가)로 표시된 셀의 내용으로 가장 <u>적합한</u> 것은?

아 래

셀값 정의
공백 = 해당없음
　C = 생성(Create)
　D = 삭제(Delete)
　U = 수정(Update)
　R = 참조(Read)

기본 프로세스	정보항목	수강신청내역	전화응답	해결책
강사선정		R		
교육개설		C		
교육시 접수			C	R
교육신청 관리		C		
교육신청 변경관리		(가)		
교육진행		U		
전화접수			C	R

① R(Read)　　　　　　② U(Update)
③ D(Delete)　　　　　④ C(Create)

75 CRUD 매트릭스 분석을 실시할 때 하나의 정보 항목에 대하여 여러 개의 프로세스 액션이 발생할 경우 있다. 이런 경우 CRUD의 셀값 입력 우선순위로 가장 <u>적절한</u> 것은?

① C 〉 D 〉 R 〉 U
② C 〉 R 〉 U 〉 D
③ C 〉 D 〉 U 〉 R
④ C 〉 U 〉 R 〉 D

76 다음 중 정보항목/애플리케이션 상관분석 매트릭스의 점검 내용과 조치사항에 대한 설명으로 **부적절한** 것은?

	점검 내용	조치 사항
①	정보항목을 생성 및 삭제하는 기본 프로세스가 둘 이상 존재	기본 프로세스의 합성
②	정보항목을 생성하는 기본 프로세스가 없음	기본 프로세스의 도출 정보항목 삭제 해당 업무영역으로 이동
③	기본 프로세스가 사용(CRUD)하는 정보항목이 없음	정보항목 도출 기본 프로세스 삭제 해당 업무영역으로 이동
④	정보항목이 7개 이상의 기본 프로세스에서 사용됨	기본 프로세스 삭제 해당 업무영역으로 이동

77 사용자 요구 사항을 애플리케이션과 상관분석한 결과 아래와 같이 도출되었다고 가정할 때, 다음 중 조치사항으로 가장 **적절한** 것은?

아 래

셀값 정의 공백 = 해당없음 C = 생성(Create) D = 삭제(Delete) U = 수정(Update) R = 참조(Read) 기본프로세스	정보항목	고객	고객문의내역	교육과정	교육일정
강사선정		R		R	
교육개설		R		R	
교육접수		R	C		
전화접수		R	C		
Site접수		R	C		

① '교육과정'을 생성하는 프로세스가 누락되었다.
② '교육접수', '전화접수', 'Site접수' 등은 프로세스를 통합한다.
③ '고객문의내역'의 정보항목을 세분화 한다.
④ '교육일정'은 삭제하거나 사용 프로세스를 도출한다.

78 정보 요구 사항을 애플리케이션과 상관분석한 결과가 아래 매트릭스와 같이 도출되었다고 가정할 때, 다음 중 분석 및 조치사항으로 가장 **부적절한** 것은?

아 래

셀값 정의 공백 = 해당없음 　C = 생성(Create) 　D = 삭제(Delete) 　U = 수정(Update) 　R = 참조(Read) 기본프로세스	정보항목	고객	제품	창고	재고항목	공급자	구매주문	구매주문항목	판매주문	판매주문항목	직원
신규고객등록		C									
구매주문생성			R			R	C	C			R
구매주문항목추가			R			R	R	C			
재고항목조사				R							
판매주문생성		R	R						C	C	R
공급자 등록											
제품정보 변경			U								
판매주문항목 변경		R	R						R	U	R

① '공급자', '직원', '창고' 등의 정보항목을 생성하는 프로세스가 누락되었다.
② '판매주문항목'은 생성 및 변경 프로세스만 존재하고 사용 프로세스를 도출한다.
③ '구매주문항목'은 기본 프로세스의 중복에 해당하므로 통합해야 한다.
④ '재고항목'을 생성하는 프로세스가 누락되었다.

79 분석결과 아래와 같이 "문의접수사항", "문의접수진행", "문의해결"에서 문제가 발견되었다. 다음 중 3가지 정보항목에 대한 조치사항으로 가장 <u>적절한</u> 것은?

아 래

셀값 정의 공백= 해당없음 　C = 생성(Create) 　D = 삭제(Delete) 　U = 수정(Update) R = 참조(Read) 기본프로세스	정보항목	고객	고객문의내역	교육과정	교육일정	문의접수사항	문의접수진행	문의해결	부서	사원	제품군
강사선정		R		R	R						
교육개설		R		R	R						
교육시접수		R	C			C	C	C	R	R	R
교육신청관리		R			R						R
교육신청 변경관리		R		R	R						

① 참조하는 신규 프로세스의 도출이 필요하다.

② 3개의 정보항목을 통합한다.

③ 기본프로세스가 분석대상 업무영역에 속하지 않는다.

④ 정보항목이 지나치게 크므로 정보항목의 세분화가 필요하다.

80 아래 매트릭스의 분석결과 창고, 공급자, 직원 등의 정보항목에서 문제가 발견되었다. 다음 중 문제가 발생한 3가지 정보항목에 대한 조치사항으로 <u>부적합한</u> 것은?

아 래

셀값 정의 공백 = 해당없음 　C = 생성(Create) 　D = 삭제(Delete) 　U = 수정(Update) 　R = 참조(Read) 기본프로세스	정보항목	고객	제품	창고	재고항목	공급자	구매주문	구매주문항목	판매주문	판매주문항목	직원
신규고객등록		C									
구매주문생성			R				R	C	C			R
구매주문항목추가			R				R	R	C			
재고항목조사					R	U						
판매주문생성		R	R							C	C	R
공급자 등록												
제품정보 변경			U									
판매주문항목 변경		R	R							R	U	R

① 생성하는 기본프로세스의 도출이 필요하다.

② 불필요한 정보에 해당할 수 있으므로 정보항목 삭제 여부를 검토한다.

③ 분석 대상의 업무영역 범위 외에 해당하므로 해당 업무영역으로 이동한다.

④ 기본 프로세스의 통합 여부를 고려한다.

과목 **III**

데이터 표준화

과목 소개

  기하급수적으로 증가하고 있는 데이터를 효과적으로 관리해서 필요한 시점에 정확한 의사결정을 도출하려면 고품질의 데이터가 사용되어야 한다. 이러한 고품질의 데이터를 확보하고 유지하기 위해 필요한 절차가 데이터 표준화이다. 데이터아키텍처 전문가는 복잡한 현실 속에서 데이터 표준화가 필요하게 된 배경을 현행 시스템 관점에서 이해하고, 표준화 저해 요소에 대한 원인 및 개선 방안을 찾을 수 있어야한다.

  데이터 표준화를 실시하기 위해 필요한 구성 요소에 대한 개념 파악 및 각 구성 요소의 표준화 원칙을 어떻게 수립하며 표준을 정의하고 표준이 정의되면 지속적인 품질을 위해 수행되는 사후 관리 활동과 이를 위해 필요한 시스템의 구성 요소에 대해서 테스트한다.

81 A기업은 데이터 통합 프로젝트를 수행하는 과정에서 현행 시스템에서 사용한 데이터 표준화 문서를 검토하고자 한다. 다음 중 데이터 표준화의 일반적인 정의로 가장 <u>적합한</u> 것은?

① 데이터 코드값에 대한 불일치를 파악하고 정의한다.
② 데이터 명칭에 대한 현행수준을 진단한다.
③ 데이터 표준요소에 대한 명칭, 정의, 형식 등을 수립하고 적용하는 것을 말한다.
④ 데이터 표준에 대한 영향도 분석을 수립한다.

82 다음 중 데이터 표준화 수립의 기대효과로 가장 <u>부적합한</u> 것은?

① 표준화된 명칭을 사용하여 다양한 계층 간의 명확한 의사소통이 가능해진다.
② 각 업무 시스템 간의 데이터 인터페이스 시에 데이터 변환 및 정제 비용이 감소한다.
③ 일관성 있는 명칭을 사용하여 시스템 운용 시간 및 개발 생산성이 감소한다.
④ 데이터 사용자들이 필요한 데이터의 소재 파악에 소요되는 시간 및 노력이 감소한다.

83 데이터 표준화의 구성요소 중에 하나인 데이터 명칭 표준화를 진행하고자 한다. 다음 중 데이터 관리자로써 데이터 명칭에 대한 표준화 원칙을 수립하고자 할 때, 고려할 사항으로 가장 <u>부적절한</u> 것은?

① 데이터 명칭은 해당 개념을 유일하게 구분 해주는 이름이어야 한다.
② 데이터 명칭은 업무적 명칭과 기술적 명칭을 구별하여 활용해야 한다.
③ 데이터 명칭은 업무적 관점에서 보편적으로 인지되는 이름이어야 한다.
④ 데이터 명칭은 그 이름만으로도 데이터의 의미 및 범위가 파악될 수 있어야 한다.

84 다음 중 데이터 표준 관리시스템을 도입할 때 고려사항으로 부적절한 것은?

① 편의성 : 사용자 관점에서 화면 구성 및 수작업 최소화 기능 제공 여부
② 확장성 : 다양한 DBMS의 정보 수집 및 각종 데이터 관리 도구와 연동 지원 여부
③ 유연성 : 단계적 적용을 위한 복수 표준 관리 기능 존재 여부
④ 특수성 : 특정 업무 및 상황에 맞는 요건 중심의 시스템 기능 존재 여부

85 A기업의 데이터 표준에 대한 전사 기본 원칙이 수립되었다. 다음 중 전사적 관점에서 데이터 표준화 기본 원칙으로 채택하기에 가장 <u>부적절한</u> 것은?

① 한글명에 대해서는 복수개의 영문명을 허용한다.
② 영문명(물리명) 전환 시 발음식(예: 번지-->BUNJI)도 허용한다.
③ 한글명 및 영문명 부여 시 띄어쓰기는 허용하지 않는다.
④ 영문명에 대해서는 복수개의 한글명을 허용한다.

86 데이터 형식은 데이터 표현형태 정의를 통해 데이터 입력오류와 통제위험을 최소화하는 역할을 하고 업무규칙 및 사용 목적과 일관되도록 한다. 다음 중 전사차원의 데이터 표준을 정의함 할 때 데이터 형식의 데이터타입으로 보적절한 것은?

① Char ② Date
③ Numeric ④ Long Raw

87 다음 중 화면으로부터 어떠한 값의 입력도 없는 경우 '아니오' 라고 미리 정의된 값이 입력될 수 있도록 하기 위해 사용하는 것은?

① 허용 범위 ② 허용 값
③ 기본 값 ④ 코드 값

88 데이터아키텍처 담당자로써 데이터 명칭에 대한 표준화 원칙을 보완하고자 할 때, 다음 중 고려할 사항으로 가장 보적절한 것은?

① 업무적 명칭과 기술적 명칭을 구별하여 활용해야 한다.
② 해당 개념을 유일하게 구분해주는 이름으로 명명되어야 한다.
③ 업무적 관점에서 보편적으로 인지되는 이름이어야 한다.
④ 이름만으로 데이터의 의미 및 범위가 파악될 수 있도록 명명되어야 한다.

89 칼럼(Column)에 대한 성질을 그룹핑한 개념으로 문자형, 숫자형, 일자형, 시간형과 같이 동일한 형식을 부여하기 위해 사용하는 표준화 요소로 적절한 것은?

① 표준 용어 ② 표준 코드
③ 도메인 유형 ④ 표준 도메인

90 다음 중 데이터 관리자와 데이터베이스 관리자의 각 직무별 내용으로 보적절한 것은?

	구 분	데이터 관리자	데이터베이스 관리자
①	주요 활동	데이터에 대한 정책 및 표준 정의	데이터베이스 성능 개선 방안 수립
②	품질수준 확보	데이터 정합성 검증을 통한 품질 확보	데이터 표준 적용을 통한 품질 확보
③	전문기술	담당 업무분야별 업무지식 및 데이터 모델링	데이터 모델 해독 능력 및 특정 DBMS 제품에 대한 전문지식
④	주요 관리기능	데이터 모델 관리 및 데이터 표준 관리	데이터 보안 관리 및 데이터 성능 관리

91 일관성 있는 표준 단어를 생성하기 위해서 현행 사용자와 시스템이 사용하는 용어들을 수집하여 표준 지침을 작성하려고 한다. 다음 중 작성된 표준 지침과 가장 거리가 먼 것은?

① 영문 약어명과 영문 약어명에 대한 허용길이를 정의한다.
② 표준 단어에 대한 정의 기술 방법을 정의한다.
③ 데이터 형식(숫자,문자)을 어떻게 적용 할 것인가를 정의한다.
④ 동음이의어, 이음동의어에 대한 처리 기준을 정의한다.

92 기업의 데이터 표준화 수립은 정형화된 절차에 의해서 수행되어야 한다. 아래의 표준화 수립에 필요한 요소들을 순서대로 <u>바르게</u> 나열한 것은?

아 래

ㄱ. 표준화 원칙 수립   ㄴ. 데이터 표준화 요구사항 수집
ㄷ. 데이터 표준 검토 및 확정   ㄹ. 데이터 표준 이행
ㅁ. 데이터 표준 공표

① ㄱ - ㄴ - ㄷ - ㄹ - ㅁ
② ㄴ - ㄱ - ㄷ - ㅁ - ㄹ
③ ㄴ - ㄱ - ㄷ - ㄹ - ㅁ
④ ㄱ - ㄴ - ㄹ - ㄷ - ㅁ

93 현업 부서와 전산 부서간에 데이터 표준화의 필요성 문제로 많은 논란 끝에 전사적인 관점에서 데이터 표준화를 수립하였다. 다음 중 수립된 데이터 표준화가 가져올 기대효과로 가장 <u>부적합한</u> 것은?

① 사용하는 명칭이 통일됨으로써 명확한 의사소통이 가능해진다.
② 일관된 데이터 형식 및 규칙의 적용으로 인한 데이터 품질이 향상된다.
③ 동일한 형식으로 변환되어 인터페이스 데이터의 재변환 시간이 증가한다.
④ 필요한 데이터의 위치를 파악하는 시간 및 노력이 감소한다.

94 Y지역본부 대출담당인 C씨는 데이터아키텍처(Data Architecture) 담당자인 K대리에게 불편사항을 설명했다. 그 내용은 C씨가 신규로 심사하는 신규고객의 95% 이상이 국내 직장에 근무하는 일반급여 생활자였다. 그래서 고객평점 항목 입력 화면에서 '해외자동차보유여부' 항목의 값으로 '아니오'라고 선택하는 경우가 빈번했다. 이에 C사원은 화면에서 어떠한 값의 입력도 없는 경우 '아니오'라고 미리 정의된 값이 입력되도록 요청했다. 다음 중 이 요청사항을 해결하기 위해 사용할 수 있는 설정으로 <u>적합한</u> 것은?

① 코드 허용 범위 설정
② 코드 허용값 설정
③ 코드 인스턴스 설정
④ 기본 값 설정

95 표준 용어가 만들어진 후 변경이 되면 파급효과가 크기 때문에 현행에서 사용하고 있는 용어들에 대한 면밀한 분석을 통하여 표준 용어를 생성하여야 한다. 다음 중 표준 용어의 생성 과정이나 표준 용어의 변경에 있어 직접적인 영향으로 거리가 먼 것은?

① 표준 단어   ② 표준 도메인
③ 표준 코드값   ④ 기존 업무 용어

96 다음 중 전사적 관점에서 수립된 데이터 표준화의 기본 원칙으로 가장 <u>부적절한</u> 것은?

① 영문명(물리명) 전환 시에 발음식(예: 주소 〉 Juso, 시 〉 Si 등)도 허용한다.
② 기업 내에서 빈도수 및 업무를 고려하여 사용하는 관용어를 우선 사용한다.
③ 한글명에 대해서는 복수의 영문명을 허용한다.
④ 한글명 및 영문명에 특수문자(/, _,-, +, (,)) 및 띄어쓰기를 허용하지 않는다.

97 기업에는 각자에게 부여된 역할과 책임에 따라 임무를 수행하는 많은 직책들이 있다. 데이터 관리자(DA, Data Administrator)도 이중 한 사람이다. 다음 중 DA가 수행하는 역할로 가장 거리가 먼 것은?

① 데이터에 대한 정책과 표준을 정의한다.
② 부서간 데이터 구조에 대한 이견을 조율한다.
③ 데이터베이스에 대한 성능 개선 방안을 수립한다.
④ 데이터 모델을 관리하고 유지한다.

98 K과장은 데이터 표준화 수립을 위한 전체적인 구성요소에 대해 팀원 교육을 실시하고자 한다. 다음 중 K과장이 교육을 위해 선정한 데이터 표준화 구성요소로 <u>부적합한</u> 것은?

① 데이터 표준화를 위한 별도의 데이터 관리 조직
② 데이터 표준화를 효과적으로 진행할 수 있는 표준 절차
③ 실제 원칙이 정립된 데이터 표준
④ 전사 관점의 데이터 구조

99 일관성 있고 효과적인 전사 데이터 표준화를 수립하였어도 이를 지속적으로 유지하기 위해서는 시스템과 프로세스가 필요하다. 일반적인 데이터 표준화 관리도구들이 표준화에 관련된 시스템과 프로세스를 지원하는데, 다음 중 관리도구들의 지원 기능과 가장 거리가 먼 것은?

① 표준 단어 및 용어를 관리하는 기능 지원
② 원천 코드에 대한 신규코드 매핑 기능 지원
③ 코드에 대한 코드값을 조회할 수 있는 기능 지원
④ 데이터 모델의 변경에 대한 영향도 분석 기능 지원

100 K과장은 정보시스템 부서의 신입사원을 대상으로 표준화에 대한 필요성과 개념, 구성요소 등에 대해 설명했다. 이를 통해 신입사원은 데이터 표준화에 대한 중요성 및 정의를 정확히 이해하게 되었는데, 다음 중 K과장이 신입사원에게 설명한 내용으로 <u>부적절한</u> 것은?

① 업무적으로 사용하는 용어에 대한 사내 표준을 정하는 것이 표준 용어 작업이다.
② 개별 업무시스템의 코드체계를 수립하는 것이 표준 코드 작업이다.
③ 표준 용어를 구성하는 단어에 대한 표준을 정의하는 것이 표준 단어 작업이다.
④ 칼럼에 대한 성질을 그룹핑한 것으로 형식에 대한 표준을 정의하는 것이 도메인 작업이다.

101 프로젝트 수행 계획서에 의해 내년 1/4분기에 프로젝트를 진행하여야 한다. K대리는 데이터 표준화 담당자로써 내년도 진행 예정인 프로젝트에 적용할 표준안을 신규로 정의하고자 할 때, 다음 중 필수 필요 절차가 <u>아닌</u> 것은?

① 데이터 표준화에 대한 요구 사항과 현행 문서를 수집한다.
② 수립된 데이터 표준화의 문제점을 도출한다.
③ 데이터 표준을 정의하기 위한 원칙과 절차를 수립한다.
④ 표준화 변경에 따른 프로그램 영향도를 파악한다.

102 K과장은 팀원에게 표준 단어를 생성하기 위해 현행 용어들을 분석하여 업무적으로 의미를 갖고 사용되는 단어를 최소 단위의 단어로 분할하고 동음이의어에 대한 정련을 지시하였다. 그러나 팀원은 의미가 동일한 단어에 대한 정련기법을 잘 이해하지 못하고 있는 상태다. 다음 중 팀원이 단어 분할을 위해 이용해야 하는 정련기법으로 가장 <u>적합한</u> 것은?

① 한글명 및 영문명을 분석 후에 업무적으로 가장 대표적인 표준 단어를 선택한다.
② 이음동의어의 경우에는 영문 약어를 기준으로 표준 단어를 선택한다.
③ 동음이의어의 경우에는 활용빈도가 낮은 것을 표준 단어로 선택한다.
④ 시스템에서 가장 많이 사용한 대표 속성을 표준 단어로 선택한다.

103 A부서에서는 신입사원을 대상으로 표준화에 대한 필요성과 개념, 그리고 구성요소에 대한 설명회를 가졌다. 다음 중 데이터 표준의 구성요소에 대한 설명으로 <u>부적절한</u> 것은?

① 표준 용어는 업무적으로 사용하는 용어에 대한 표준을 정의한 것이다.
② 표준 단어는 표준 용어를 구성하는 단어에 대한 표준을 정의한 것이다.
③ 표준 코드는 개별 업무시스템의 코드체계를 수립한 것을 의미한다.
④ 표준 도메인은 칼럼에 대한 성질을 그룹핑한 것으로 형식에 대한 표준을 정의한 것이다.

104 B은행의 전사적 데이터에 대해 표준화 수립 작업을 진행하는 과정에서 각 정보시스템별로 사용되고 있는 현행 업무용어들을 수집하고, 이를 바탕으로 표준용어를 생성하여 각 칼럼에 적용할 표준도메인을 정의하였다. 다음의 정의된 표준 도메인 중 가장 <u>비효율적</u>인 것은?

	용 어	도 메 인	데이터 형식
①	여신계좌번호 수신계좌번호	계좌번호	Char(15)
②	담보설정금액 자동화기기 이체금액 유동성자금회수금액	금액	Number(18,3)
③	계좌개설일자 카드사용 시작일자	일자	Date
④	대출상품코드 상품구분코드 가계기업구분코드	코드	Varchar(15)

105 데이터 관리자(Data Administrator)는 현행 시스템에서 사용하는 수 많은 용어들을 분석하여 표준단어를 생성한 뒤, 별도의 리뷰(Review) 과정을 통해 표준 단어에 대한 정련을 진행하였다. 다음 중 리뷰 과정에서 별도의 의견 없이 통과된 표준 단어로 <u>적합한</u> 것은?

① 고객계좌번호   ② 입력자사원번호
③ 최종학력코드   ④ 주소

106 기업에서 사용하는 코드의 표준화 수립은 정형화된 절차에 의해서 수행돼야 한다. 아래의 코드 표준화 요소들을 코드 표준화 순서에 맞게 <u>바르게</u> 나열한 것은?

아 래

ㄱ. As-Is 코드와 To-Be 코드 매핑   ㄴ. 현행 코드 관련 자료 수집
ㄷ. 코드도메인 분류 및 중복 제거   ㄹ. 동일 의미 코드의 통합

① ㄴ - ㄱ - ㄹ - ㄷ   ② ㄴ - ㄱ - ㄷ - ㄹ
③ ㄴ - ㄷ - ㄹ - ㄱ   ④ ㄴ - ㄷ - ㄱ - ㄹ

107 표준화 원칙의 수립과정에서 '미완성', '불만족'의 접두어 '미(未)', '불(不)'처럼 한자리로 구성된 단어들을 개별 단어로 관리하지 않고 합성 단어로 관리하는 방식을 채택하고자 할 때, 다음 중 이에 대한 설명으로 <u>부적합한</u> 것은?

① 일관된 단어 사전의 모습을 가지지 못한다.
② 단어 사전의 단어 개수가 많아지지 않는다.
③ 사용자가 이해하기가 쉽고 사용의 편의성이 높다.
④ 물리DB의 허용길이를 넘는 경우가 발생할 가능성이 낮다.

108 다음 중 기업에서 데이터를 활용할 때 일반적으로 나타나는 문제점으로 <u>부적합한</u> 것은?

① 데이터의 중복 및 데이터 불일치 현상이 발생한다.
② 데이터 명칭이나 표준화에 대한 미준수로 동일 데이터의 구별이 어렵다.
③ 데이터 의미에 대한 파악이 어려워서 사용자가 이용하기 어려운 현상이 발생한다.
④ 업무요건 변경에 대해 유연성 있는 대응이 어렵다.

109 개별 시스템에서 사용되고 있는 업무 용어를 이용하여 표준 용어를 생성하고, 각 칼럼에 적용할 표준 도메인을 정의하였다. 다음 중 도메인으로 가장 <u>부적절하게</u> 정의된 것은?

① 코드 15자리
② 계좌번호 14자리
③ 상품코드 8자리
④ 주민등록번호 13자리

110 K과장과 팀원들은 수개월 동안의 노력 끝에 전사 데이터 표준 원칙을 수립하였다. 전사 공표에 앞서 현재 공청회를 진행하여 표준 원칙을 최종적으로 검토하고자 한다. 다음 중 공청회에서 검토해야 할 사항으로 가장 거리가 먼 것은?

① 표준 단어와 표준 용어 간의 정합성 검토
② 데이터 표준별 필수입력 사항에 대한 검토
③ 현행 데이터 모델과 데이터 표준의 비교 검토
④ 표준 용어들 사이에 유사 용어가 존재하는지 검토

111 기업에서 사용하는 현행 코드를 조사하여 코드 표준을 실시하고자 한다. 다음 중 코드 표준화를 위한 수집 소스로 가장 적합한 것은?

① 시스템별 단독/통합코드 관리 테이블
② 전산담당자 운영 매뉴얼
③ 애플리케이션 내 구현된 로직
④ 화면별 코드 덤프 리스트

112 다음 중 데이터 표준화 구성요소로 부적절한 것은?

① 표준화를 위한 별도의 데이터 관리 조직
② 전사 관점의 데이터 구조
③ 실제 원칙이 정립된 데이터 표준
④ 데이터 표준화를 잘 진행할 수 있는 표준 절차

113 데이터 모델링을 진행하는 A대리는 전사적으로 수립된 표준 용어 중 '사번'이 '사원번호'로 변경되었다는 통보와 함께 관련된 모든 문서를 변경하라는 지시를 받았다. 다음 중 A대리가 검토해야 할 관련 문서로 가장 적합한 것은?

① 사용자 업무 매뉴얼
② 전산처리 지침서
③ 보고서 레이아웃
④ 신규로 정의된 코드 명칭

114 데이터 표준을 관리하기 위해 프로세스를 도입하여 4가지 직무를 정의하고, 각 직무별 역할을 기술했다. 다음 중 각 직무별 업무내용으로 가장 부적절한 것은?

① 업무담당자 : 표준 변경을 신청한다.
② 데이터 관리자 : 표준 변경 내용을 업무에 적용한다.
③ 전사 데이터 관리자 : 전사 표준원칙의 준수 여부를 검토한다.
④ 데이터베이스 관리자 : 표준의 변경으로 인한 물리 DB의 변경사항을 반영한다.

115 다음 중 표준 용어 지침에 대한 설명으로 가장 부적절한 것은?

① 한글명 및 영문명은 30자 이내로 정의한다.
② 테이블 및 칼럼명에는 특수문자를 사용할 수 없다.
③ 접두(미)사 자체는 반드시 단일어로 등록한다.
④ 엔터티명은 엔터티 고유명 및 엔터티 유형을 고려하여 정의한다.

116 K프로젝트의 데이터아키텍처(Data Architecture) 담당자인 A대리는 전사 표준 용어에 대한 변경 사항을 통보 받았다. 이에 변경된 전사 표준 용어가 어떤 표준 문서까지 영향을 주는지 검토 중이다. 만약 변경된 표준 용어가 '원금상환합계금액'에서 '원금상환합계'일 때, 다음 중 상대적으로 영향이 가장 적은 것은?

① 표준 도메인 명칭　　　　② 표준 전산 지침
③ 표준 단어　　　　　　　④ 표준 코드 명칭

117 데이터 표준 관리의 전반적인 프로세스에서 신규 및 변경 영향도를 분석하기에 가장 적합한 담당자는?

① 업무 담당자　　　　　　② 데이터베이스 관리자
③ 데이터 관리자　　　　　④ 현업 사용자

118 B은행 표준 관리자는 신규 표준 및 표준 변경에 대한 요청과 승인을 사내 인트라넷 계정을 통하여 메일링 하도록 표준 관리 시스템을 운영하고 있다. 다음 중 표준 관리 시스템의 기능이 아닌 것은?

① 표준 준수 검토　　　　　② 물리 DB 반영
③ 변경 영향 파악　　　　　④ 표준 등록

119 다음 중 데이터 표준 수립 후 지속적인 데이터 표준 관리를 위해 수립해야 하는 업무 프로세스로서 가장 부적합한 것은?

① 데이터 표준 변경 관리 프로세스
② 데이터 표준 변경에 따른 영향도 분석 프로세스
③ 데이터 표준 준수 체크 프로세스
④ 데이터 표준 정의 프로세스

120 다음 중 데이터 관리자(Data Administration)의 담당업무로 가장 거리가 먼 것은?

① 표준 준수여부를 체크하거나 검토한다.
② 업무 담당자에게 변경작업 지시 후에 결과를 확인한다.
③ 전사 관점에서 가이드 자문 및 방향을 제시한다.
④ 신규 및 변경사항에 대한 업무 범위를 체크한다.

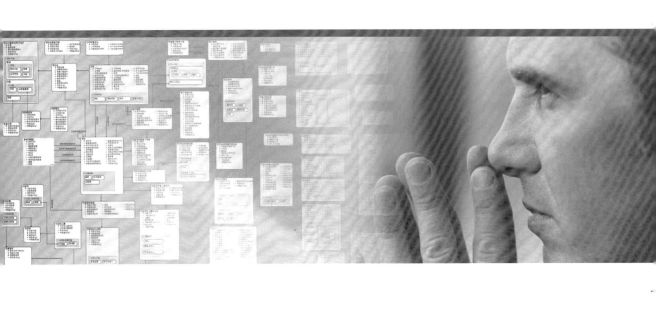

과목 IV

데이터 모델링

과목 소개

정보시스템의 구성 요소에는 많은 부분이 있다. 그 중에서도 핵심(Core)에 해당하는 부분이 데이터라고 할 수 있다. 최근에 기업들은 이러한 데이터를 중요한 자산으로 관리하고 활용하고 있다. 기업이 관리하고 있는 데이터의 양 또한 과거에 비해서 기하급수적으로 증가했다. 이러한 과정에서 정보시스템의 문제점으로 부각되고 있는 것이 데이터 품질이다. 특히 데이터 구조에 관련된 품질 문제는 그 파급효과나 영향도가 다른 부분들과 비교할 수 없을 만큼 크다.

이 과목에서는 이러한 데이터를 설계하는 데 있어서의 기법과 양질의 데이터 설계(데이터 모델)를 위해서 알아야 할 사항들을 테스트한다.

121 프로젝트의 어려움 정도 또는 도구와 기술에 상관없이 좋은 설계를 포함한 훌륭한 시스템 개발은 기본 원칙 단계로부터 시작한다. 다음 중 데이터 모델링의 기본 원칙으로 거리가 먼 것은?

① 커뮤니케이션 원칙   ② 솔루션 구체화 원칙
③ 모델링의 상세화 원칙   ④ 논리적 표현 원칙

122 다음 중 아래의 내용에 해당하는 규칙으로 적합한 것은?

> **아 래**
>
> 관계 실체의 모든 외부 식별자 값은 관련 있는 관계 실체에 주 식별자 값이 존재해야 한다.

① 실체 무결성 규칙   ② 참조 무결성 규칙
③ 영역 무결성 규칙   ④ 속성 무결성 규칙

123 개체-관계 모델에 대한 설명으로 틀린 것은?

① 모델의 단순성 때문에 현재 광범위하게 사용되고 있다.
② 확장된 개체-관계 모델은 서브타입을 포함한다.
③ 연관과 상속의 개념을 통해 객체들을 연결한다.
④ 서로 다른 뷰들을 하나로 통합할 수 있는 단일화된 설계안을 만들 수 있다.

124 다음 중 데이터의 특성이 아닌 것은?

① 데이터는 중복적이다.
② 데이터는 조직과 기술에 비해 독립적이다.
③ 데이터는 프로세스에 비해 안정적이다. 즉, 변화가 적다.
④ 데이터는 여러 프로세스 또는 기능에서 사용된다.

125 다음 중 소프트웨어 생산성 향상을 위한 객체지향 모델링의 장점이 아닌 것은?

① 재사용 코드와 같은 개념이 실제로 가능한 환경을 제공한다.
② 모든 비즈니스 규칙이 표현될 수 있는 유일한 환경을 제공한다.
③ 프로세스와 데이터 모델링을 함께 운영한다.
④ 데이터는 프로세스에 종속되어 운영된다.

126 '논리 데이터 모델링'이라는 용어에서 '논리'라는 단어가 사용된 이유로 가장 적합한 것은?

① '논리 데이터 모델링'은 비즈니스에서 발생하는 사실을 중심으로 데이터 구조와 규칙을 파악하기 때문에 '논리'라는 단어를 사용한다.
② '논리 데이터 모델링'은 현실 세계에 실제로 존재하는 장표나 보고서, 데이터베이스 시스템 등과는 독립적으로 비즈니스에 존재하는 사실을 일반화 및 추상화하기 때문에 '논리'라는 단어를 사용한다.

③ 데이터 모델러가 현실 세계의 비즈니스를 논리적으로 분석해 나가기 때문에 '논리' 라는 단어를 사용한다.

④ '논리 데이터 모델링' 은 시스템 구축을 위하여 기초적인 분석부터 시스템 설계까지 인간이 수행해야 할 일들을 실제 구현하지 않고 인간의 사고력으로 구현하기 때문에 '논리' 라는 단어를 사용한다.

127 다음 중 사원에 대한 엔터티(Entity)를 구성하려고 할 때, 다음 중 식별자로 가장 <u>적합한</u> 속성은?

① 사원명   ② 사원번호
③ 근무부서   ④ 담당업무

128 다음 중 '관계형 모델 이론' 과 '비관계형 모델 이론' 의 차이점으로 가장 <u>부적합한</u> 것은?

① 관계형 모델 이론은 데이터 중심의 분석 기법이고, 비관계형 모델 이론은 일반적으로 프로세스 중심의 분석 기법이다.

② 관계형 모델 이론은 데이터의 구조와 조작 및 무결성을 정의하고, 비관계형 모델 이론은 데이터의 구조와 조작을 정의한다.

③ 관계형 모델 이론은 데이터를 집합적으로 처리를 요구하고, 비관계형 모델 이론은 데이터의 레코드 처리(한 건씩 처리)를 요구한다.

④ 관계형 모델 이론은 비관계형 모델 이론에 비하여 데이터를 분석하는데 있어 우수한 분석 기법이다.

129 다음 중 논리 데이터 모델링에 대한 설명으로 <u>부적절한</u> 것은?

① 논리 데이터 모델의 특징은 초기에 엔터티 사이가 다대다 관계, 순환 관계, 배타적 관계 등의 관계로 연결된 엔터티들이 많이 보인다.

② 논리 데이터 모델은 업무영역이 바뀌지 않아도 업무방식이 변경되면 반드시 설계변경이 이루어져야 한다.

③ 논리 데이터 모델링은 프로세스 중심의 설계보다 데이터 중심 설계를 주로 사용한다.

④ 논리 데이터 모델은 하나의 엔터티가 반드시 물리적으로 하나의 테이블이나 세그먼트가 되지 않을 수 있다.

130 관계형 데이터베이스의 데이터 조작은 SET처리, 처리연산자, 관계연산자 등의 요소들로 이루어져 진다. 다음 중 관계연산자의 설명이라 볼 수 <u>없는</u> 것을 <u>모두</u> 고르시오.

① Select(or Restrict) : 열(Column)에 의거한 행(Row)의 Subset
② Product : 두 관계 테이블 간의 행(Row) 조합의 묶음
③ Division : 다른 관계 테이블의 모든 행에 대응하는 열을 제외한 열
④ Insert : 행의 입력

131 다음 중 본질적 데이터 요구 사항이며 데이터베이스 설계를 시작하기 위한 필수 사항으로 거리가 먼 것은?

① 이름(Name) : 모든 속성은 고유하게 식별할 수 있는 이름이 주어져야 한다.

② 명세(Description) : 모든 실체는 명세가 있어야 하며, 명세는 모형을 검토하는 누구든지 그 실체를 정확히 해석할 수 있도록 해주어야 한다.

③ 유형(Type) : 속성은 두 가지 유형 즉, 키(Key) 속성 또는 비키 속성 중 하나로 구분되지 않으면 안 된다. 이 특성은 키 속성으로써의 역할 가능성 보다는 실제 용도와 관련된다.

④ 도출 속성(Derived Attributes) : 데이터 모델링 팀은 업무 전문가의 참여 하에 도출 공식을 확립해야 한다.

132 관계형 데이터베이스에서만 특별하게 작용하는 법칙이 있다. 이중 이론적 배경이 다른 데이터베이스에 없는 '집합적 조회'라는 관계연산자가 있는데, 이를 바탕으로 관계 테이블에 영향을 미치는 처리연산자가 있다. 다음 중 처리연산자의 설명으로 볼 수 없는 것을 모두 고르시오.

① Update : 행의 수정 ② Delete : 행의 삭제
③ Project : 열(Column)의 Subset ④ Insert : 행의 입력

133 다음 중 속성 이름을 부여할 때, 주요 규칙에 대한 설명으로 부적합한 것은?

① 속성 이름은 해당 속성에 의해 구체화된 논리적 개념을 현업에게 즉시 전달해야 한다. 그러므로 속성 이름은 명료, 간결, 자명해야 한다.

② 모델러들은 논리 데이터 모형을 구축하고 있는 것이다. 물리적 특징들로 개념을 제한 또는 왜곡해서는 안 된다. 즉 물리적 특성이 아닌 논리적 고려에 따라 속성 이름을 부여한다.

③ 속성의 개념을 구체적이고 명확하게 정의하였다면 보편적인 용어를 적절히 결합한 복합명사를 만들어서 구체적인 표현을 할 수 있게 속성이름을 부여해야 한다.

④ '최종학력', '최종이수학력'이라는 단어 보다는 '학력'이라는 단어가 포괄적이고 여러 뜻을 함축성 있게 사용할 수 있으므로 속성명으로 더욱 적합하다.

134 다음 중 아래의 내용에 해당하는 규칙으로 적합한 것은?

> **아 래**
>
> 주 식별자(특정 행을 유일하게 인식하는 하나 이상의 열)는 Null 값을 포함하지 않는다.

① 실체 무결성 규칙(Entity Integrity Rule).

② 참조 무결성 규칙(Reference Integrity Rule)

③ 영역 무결성 규칙(Domain Integrity Rule)

④ 속성 무결성 규칙(Attribute Integrity Rule)

135 어떤 엔터티(Entity)가 두개 이상의 다른 엔터티의 합집합과 관계(Relationship)을 가지는 것을 '배타적(Exclusive) 관계' 혹은 '아크(Arc) 관계' 라고 한다. 다음 중 아크 관계의 특징이 <u>아닌</u> 것은?

① 아크 내에 있는 관계는 보통 동일하다.
② 아크 내에 있는 관계는 항상 Mandatory거나 Optional이어야 한다.
③ 아크는 여러 엔터티를 가질 수 있다.
④ 어떤 엔터티는 다수의 아크를 가질 수 있다. 그러나 지정된 관계는 단 하나의 아크에만 사용되어야 한다.

136 데이터 무결성은 업무규칙에 따라 데이터 일관성 및 정확성을 유지하기 위한 필수 규칙이다. 관계형 데이터베이스에만 존재하는 참조 무결성 규칙은 크게 입력 규칙과 삭제 규칙이 있는데, 다음 중 입력 규칙에 대한 설명으로 <u>틀린</u> 것은?

① Dependent : 대응되는 부모 실체에 인스턴스가 있는 경우에만 자식 실체에 입력을 허용한다.
② Nullify : 자식 실체 인스턴스의 입력을 항상 허용하고, 대응되는 부모 건이 없는 경우 자식 실체의 Foreign Key를 Null 값으로 처리한다.
③ Customized : 특정한 검증조건이 만족되는 경우에만 자식 실체 인스턴스의 입력을 허용한다.
④ Default: 자식 실체 인스턴스의 입력을 항상 허용하고, 대응되는 부모 건이 없는 경우 자식 실체의 Primary Key를 지정한 기본값으로 처리한다.

137 다양한 경로를 통해 수집된 속성 후보들을 엔터티에 배정시킨 후에 해야 할 일은 이들을 검증하여 속성의 제자리를 찾게 해 주는 일이다. 다음 중 속성을 검증하는 작업과 거리가 먼 것은?

① 원자단위 검증 : 사물의 본질을 이루는 고유한 특성이나 성질이 속성이다. 즉, 속성은 독자적인 성질을 가져야 한다.
② 유일값(Single Value) 검증 : 속성에서 관리되어야 할 값이 반드시 단 하나만 존재해야 한다는 것이다.
③ 추출값(Derived Value) 검증 : 속성이 원천적인 값인지 다른 속성에 의해 가공되어서 만들어진 값인지를 검증해야 한다.
④ 속성 후보 선정 : 구 시스템 문서자료, 현업 장표 및 보고서, 타 시스템, 전문서적 및 자료 등에서 속성 후보를 선출해야 한다.

138 다음 중 아래에서 데이터 무결성과 관계된 사항으로 <u>적합한</u> 것은?

아 래	
ㄱ. 실체 무결성	ㄴ. 연쇄 작용(Triggering Operation)
ㄷ. 참조 무결성	ㄹ. 영역(속성) 무결성
ㅁ. 정규화(Normalization)	ㅂ. 인덱스(Index)

① ㄱ, ㄷ, ㄹ
② ㄱ, ㄷ, ㄹ, ㅁ
③ ㄱ, ㄴ, ㄷ, ㄹ, ㅁ
④ ㄱ, ㄴ, ㄷ, ㄹ, ㅁ, ㅂ

139 다음 중 엔터티 검증과 가장 거리가 먼 것은?

① 엔터티의 개념을 확실하게 모델러들이 정립해야 한다.
② 새로운 목적 시스템에서 관리하고자 하는 대상 집합이 있는지 확인해야 한다.
③ 엔터티에 가로(속성)와 세로(개체)를 가진 면적(집합)을 가진 속성이 존재하는지 확인해야 한다.
④ 엔터티 후보를 우선적용 대상별로 분류하여 모델링의 골격에 해당하는 주요 엔터티를 먼저 도출하여 명확히 정의함으로써 모델링의 기초를 단단하게 한다.

140 다음 중 아래의 인사관리정책을 적용한 ERD에서 **틀린** 부분을 지적한 것으로 가장 **적합**한 것은?

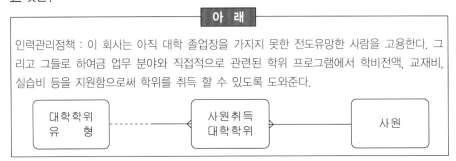

┌─── **아 래** ───┐

인력관리정책 : 이 회사는 아직 대학 졸업장을 가지지 못한 전도유망한 사람을 고용한다. 그리고 그들로 하여금 업무 분야와 직접적으로 관련된 학위 프로그램에서 학비전액, 교재비, 실습비 등을 지원함으로써 학위를 취득 할 수 있도록 도와준다.

① 틀린 곳이 없다.
② 대학 학위 유형을 아직 가지지 않았으므로 '대학학위유형'과 '사원취득대학학위'가 양쪽 선택적으로 표현돼야 한다.
③ 사원이 대학 학위를 미취득 했을 가능성이 있으므로 '사원'과 '사원취득대학학위' 사이에 사원 쪽을 점선(선택적)으로 표시해야 한다.
④ 대학 학위 유형을 아직 가지지 않았으므로 '사원'과 '사원취득대학학위'가 양쪽 선택적으로 표현되어야 한다.

141 사용자의 요구 사항으로부터 데이터의 실체를 설계하는 데이터 모델링 단계에 대한 설명으로 **잘못된** 것은?

① 개괄 모델 단계 : 현행 시스템의 프로세스와 데이터베이스를 분석하여 분류 가능한 업무를 분석하는 단계
② 개념 모델 단계 : 핵심 엔터티를 도출하고 그들간의 관계를 정의하는 단계
③ 논리 모델 단계 : 업무에서 필요로 하는 모든 엔터티와 특성을 정의하는 단계
④ 물리 모델 단계 : 논리데이터 모델을 기반으로 특정 DB에 맞도록 스키마를 설계하는 단계

142 속성은 엔터티에 저장되는 개체 집합의 특성을 설명하는 항목이라고 할 수 있다. 다음 중 속성의 정의를 **바르게** 설명한 것을 **모두** 고르시오.

① 구별 가능한 사람, 장소, 물건, 행위 또는 개념 등에 대하여 정보가 유지되어야 하는 것
② 다른 것과 구별되어 식별될 수 있는 사물

③ 더 이상 분리되어지지 않는 단위 값(Atomic Value)

④ 실체를 서술하며 양을 계수화하고 자격을 부여 · 분류하며 구체적으로 기입하는 정보항목

143 개체 인스턴스는 인스턴스간 식별을 위해 고유한 식별자를 가진다. 다음 중 식별자에 대한 설명으로 틀린 것은?

① 식별자는 하나 또는 그 이상의 개체 속성으로 구성된다.

② 식별자와 키는 일치성을 가지며 식별자는 테이블을 위한 것이며 키는 개체가 가진다.

③ Barker 표기법은 식별자를 '#'로 표현한다.

④ 직원 인스턴스인 경우 봉급이나 입사일은 식별자가 될 수 없다.

144 다음 중 아래 ERD에서 엔터티 유형(Entity Type)명으로 **부적당**한 것을 **모두** 고르시오. (표기법은 Richard Barker의 CASE*Method 방식에서 FK(Foreign Key)를 표현하고 있다.)

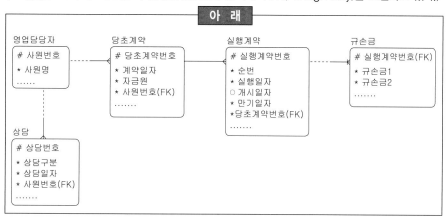

① 영업담당자: 표현 그대로 영업을 담당한 사람을 말한다.

② 당초계약: 실행계약이 이루어지기 전에 처음으로 이루어지는 계약을 의미한다.

③ 규손금: 규정에 의하여 결정되는 손해액을 의미한다.

④ 상담: 고객과의 상담내역을 의미한다.

145 앞서 184번 문제에서 제시한 ERD의 내용 중 잘못된 사항을 지적한 것으로 올바른 것을 **모두** 고르시오.

① '영업담당자'와 '상담'은 상담을 영업담당자가 함으로, 둘의 관계에 UID(Unique Identifier) Bar를 사용해야 한다.

② '실행계약'과 '규손금'의 관계는 일대다(1:M)인데 업무를 파악하여 일대다(1:M)이면 '규손금'에 PK(Primary Key)속성을 추가하고, 일대일(1:1)이면 관계의 기수성(Cardinality, Degree)을 고친다.

③ '당초계약'과 '실행계약'이 양쪽 필수 관계인데 일반적으로 이것은 비즈니스와 맞지 않다. 한쪽을 선택적 관계로 바꾸는 것이 합리적이다.

④ '실행계약'이 이루어지려면 반드시 '당초계약'이 있어야 하므로 양쪽 필수 관계가 맞다.

146 확장된 개체–관계 모델에는 서브타입에 대한 개념이 포함되어져 있다. 다음 중 이 서브 타입에 대한 설명으로 <u>틀린</u> 것은?

① 서브타입 개체는 그것의 슈퍼타입이라는 불리는 다른 개체의 특별한 경우이다.
② 서브타입은 배타적이지만 포괄적이지는 않다.
③ 슈퍼타입은 서브타입에 공통적인 모든 속성을 포함한다.
④ 모든 슈퍼타입이 구분자를 가지고 있는 것은 아니다.

147 다음 중 객체지향 모델링과 논리 데이터 모델링의 대응 개념이 <u>잘못</u> 짝지어진 것은?

① 객체 – 엔터티　　　　　　　　　　② 연결 – 관계
③ 객체 클래스 – 엔터티 인스턴스　　　④ 메세지 – 대응 개념 없음

148 아래 표는 바커 표기법의 실체와 실체 간의 상관관계 조건을(관계) 표기한 것이다. 다음 중 <u>틀린</u> 것은?

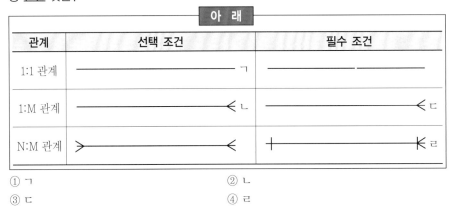

관계	선택 조건	필수 조건
1:1 관계	ㄱ	
1:M 관계	ㄴ	ㄷ
N:M 관계		ㄹ

① ㄱ　　　　　　　　　　　　　　② ㄴ
③ ㄷ　　　　　　　　　　　　　　④ ㄹ

149 배타관계는 어떤 엔터티가 2개 이상의 다른 엔터티의 합집합과 릴레이션쉽을 가지는 것 으로, 논리 데이터 모델링 과정에서 흔히 발생한다. 다음 중 아래의 배타관계에 대한 설 명으로 <u>틀린</u> 것은?

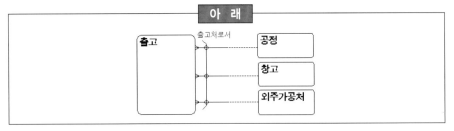

① 논리적으로 엔터티 간의 업무적 연관성을 명확하게 표현하고 있다.
② 배타관계에 있는 관계는 보통 동일하다.
③ 배타관계는 반드시 하나의 엔터티에만 속해야 한다.
④ 배타관계에 의한 논리적인 명확성은 물리 설계에도 그대로 반영되는 것이 효율적이다.

150 모델링에서는 관계도 하나의 집합이며 엔터티의 정의에 따라 여러 종류의 관계가 존재할 수 있다. 예를 들어, 관계를 당사자 간의 관계, 제3자가 보는 관계 등으로 구분할 수 있다. 이런 복잡한 관계를 표현하기 위해 표현식이 존재하는데, 다음 중 표현식에 대한 설명으로 틀린 것은?

① 식별성(Identification) 표시
② 선택성(Optionality) 표시
③ 기수성(Degree, Cardinality) 표시
④ 전이성(Transferability) 표시

151 데이터 모델링 전체 과정 중에서 특히 중요한 핵심 엔터티를 가지고 전체 데이터 모델의 틀을 생성하는 작업이 '개념 데이터 모델링'이다. 다음 중 개념 모델링 단계에서 할 일로 적절한 것은?

① 주제영역 정의   ② 정규화
③ 속성 정의   ④ 참조무결성 정의

152 A기업은 과거에 조직의 구조를 아래 표와 같이 관리하고 있었는데 조직의 변경 및 통폐합이 발생하면서 관리의 어려움이 발생했다. 다음 중 이를 해결하는 모델링 기법으로 가장 적합한 것은?

① 정규화(Normalization) 기법   ② 슈퍼/서브타입(Super/Sub Type) 기법
③ 상호 배타적(Mutually Exclusive) 관계 기법 ④ 순환(Recursive) 관계 기법

아 래	
부서코드	부서명
1000	영업부
1100	영업1부
1200	영업2부
…	…

153 A기업은 본격적인 데이터 모델링의 전단계로 전체 비즈니스를 데이터 관점에서 분류하는 작업을 수행하기로 할 때, 다음 중 작업을 수행하는데 있어서 부적절한 것은?

① 주제영역은 기업이 사용하는 데이터의 최상위 집합이다.
② 데이터를 하향식으로 분석하는데 유용하다.
③ 주제영역 정의 시에 계층적 표현은 복잡성을 증가시킨다.
④ 주제영역을 분해하면 하위 수준의 주제영역이나 엔터티가 나타난다.

154 다음 중 주제 영역에 대한 설명으로 가장 <u>부적합한</u> 것은?

① 주제 영역은 시스템의 대상이 되는 업무를 명백하게 구분이 가능한 단위 업무로 분리하는 개념이다.

② 주제 영역을 결정할 때는 주제 영역 내부에 존재하게 될 개체들이 높은 결합성(High Cohesion)을 유지하게 해야 한다.

③ 주제 영역을 정의함으로써 요구 사항 검증 시에 기준으로 활용할 수 있으며, 생산성 향상과 개발 기간 단축이 가능하다.

④ 데이터 모델과 프로세스 모델은 별개로 진행될 수 있지만 상호 보완적인 위치에 있고 주제 영역은 프로세스 모델링의 기능(Function)과 매핑되는 것이 보통이다.

155 다음 중 주제영역 활용의 장점으로 가장 <u>부적절한</u> 것은?

① 데이터 및 업무활동 모델의 품질보증이 용이함
② 생산성이 향상되고 개발기간 단축이 용이함
③ 프로젝트 관리가 용이함
④ 모델 개발조정이 용이하고 요구사항 검증 시 기준으로 활용 가능함

156 A은행은 새로운 Banking 시스템을 구축하고 있다. 현재 단계는 현행 시스템에서 사용되고 있는 모든 보고서, 화면, 장표 등을 가지고 엔터티 후보를 도출하는 작업을 진행하고 있다. 다음 중 개념 데이터 모델링 단계에서 아래와 같은 장표를 가지고 모델러가 수행할 내용으로 가장 <u>적합한</u> 것은?

아 래

동산 관리 대장

최초구입일		최초취득액		취득원가		최종변동일	
소속점명		현장부가액		충당금		내용년수	
매각처분금액		당기상각액(매각시)		매각승인여부		변동일련번호	
구입처				규격			
참고사항				모델명			
동산상태							

NO	변동일자	변동사유	변동금액	변동후금액	충당금누계액	관련점코드	품의/승인번호	참고사항

① '구입처'에 어떤 값들이 들어갈 수 있는지 업무 담당자와 인터뷰를 통해서 조사하고, '고객' 데이터와 관계를 생성할 수 있는지를 파악한다.

② '동산'이라는 용어를 엔터티 후보로 판단하여 업무 담당자와 인터뷰를 통해 동산의 의미를 조사를 하고, 동산에 대한 간단한 정의를 모델러 관점에서 정리한다.

③ '동산상태'에 대해서 이력 관리의 유무를 업무 담당자와 협의한다.

④ 현재 장표에서는 '소속점명'이 이름으로만 관리되고 있지만, 향후 데이터 모델링이 완성된 후에는 소속점을 관리하는 다른 엔터티와 관계(Relationship)로 표현될 것이기 때문에 여기에서는 엔터티 후보 대상에서 제외하기로 결정한다.

157 다음 중 주제영역 후보 도출의 방법으로 <u>부적절한</u> 것을 <u>모두</u> 고르시오.

① 업무에서 사용하는 데이터의 명사형을 도출

② 업무기능의 이름으로부터 도출

③ 중요 보고서 제목을 참조하여 도출

④ 시스템 관리자 의견을 참조하여 도출

158 다음 중 모델 관계가 <u>잘못</u> 표기된 것은? (표기법은 Richard Barker의 CASE*Method 방식으로 표현하고 있다.)

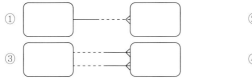
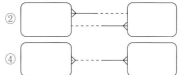

159 개념 데이터 모델에서는 핵심 데이터 집합을 도출하고 그 엔터티들간의 관계를 규명하는 작업을 수행하게 된다. 이러한 과정의 첫번째 단계로 엔터티 후보 선정 단계를 수행하게 된다. 다음 중 엔터티 후보 선정을 수행할 때 유의사항으로 <u>적절한</u> 것은?

① 엔터티 가능성이 있다고 예상되면 예외사항 검토 등을 통해 상세분석을 한다.

② 동의어처럼 보이더라도 함부로 버리지 않는다.

③ 개념이 모호한 대상은 일단 넘어간다.

④ 예외처리는 중요하므로 잘 분석하고 정리해 놓는다.

160 모델러가 개념 데이터 모델링 단계에서 엔터티 후보를 도출하고 엔터티 후보들에 대한 자격검증을 위한 엔터티 식별 단계를 수행하고 있다. 다음 중 모델러가 이 단계에서 수행해야 하는 행동으로 가장 <u>부적절한</u> 것은?

① '고객' 엔터티에서 관리해야할 구체적인 '생년월일' 속성에 대해서 업무 담당자들과 협의한다.

② 후보 엔터티가 정확히 어떤 개념인지를 파악하기 위해서 동종의 비즈니스 관련 서적에서 관련 개념을 파악한다.

③ 인터넷을 통하여 해당 후보 엔터티의 용어적인 의미를 파악하기 위해서 자료를 검색한다.

④ 특정 업종에서만 사용하는 용어라서 모델러가 판단하기 힘들면 주변에 존재하는 비유를 들어서 업무 담당자와 개념에 대한 동질성을 파악한다.

161 데이터 모델링을 체계적이고 단계적으로 수행하기 위한 목적으로 엔터티 후보를 도출하고 역할에 따라 분류하여 모델링을 진행한다. 다음 중 이러한 목적으로 엔터티를 분류할 때 의미가 <u>다른</u> 것은?

① Key Entity   ② Main Entity
③ Intersection Entity   ④ Action Entity

162 다음 중 상호 배타적 관계를 <u>잘못</u> 표기한 것을 <u>모두</u> 고르시오. (표기법은 Richard Barker의 CASE*Method 방식으로 표현하고 있다.)

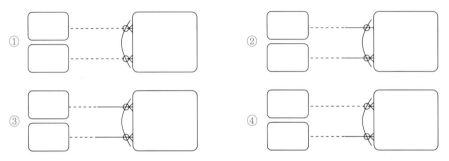

163 K모델러는 개념 데이터 모델링을 진행하면서 엔터티 중에 하나인 부서 엔터티를 정의하고 있다. 다음 중 K모델러의 판단으로 <u>부적절한</u> 것을 모두 고르시오.

① 부서는 키 엔터티이다.
② 부서 엔터티는 여러 조직간의 상하 관계를 표현하기 위해서 재귀관계를 생성하기로 한다.
③ 부서 엔터티와 연관된 하위 엔터티들을 차례로 정의해 나간다.
④ 부서 엔터티의 속성들을 확정하여 부서 엔터티의 모든 부분들을 확정해 나간다.

164 데이터 모델링에서 엔터티를 정의할 때 KEY를 정의하게 된다. KEY의 정의는 후보키를 정의하고 이중에서 실제키와 대체키로 나누어서 정의하는 것이 일반적인 방법이다. 다음 중 후보키에 대한 설명으로 가장 거리가 먼 것은?

① 각 인스턴스를 유일하게 식별할 수 있어야 한다.
② 해당 후보키 이외의 나머지 속성들을 직접 식별할 수 있어야 하는 것은 아니다.
③ 후보키의 데이터들은 가능하면 자주 변경되지 않는 것이 좋다.
④ 가능하면 키길이가 작은 속성들을 선택하는 것이 바람직하다.

165 데이터 모델링을 체계적으로 수행하기 위해서 엔터티 후보를 분류하는 기준 이외에 엔터티의 데이터의 성격에 따라 분류하는 방법이 있다. 다음 중 성격기준으로 데이터를 분류하는 방법의 장점으로 가장 거리가 먼 것은?

① 엔터티 후보들간의 미묘한 차이를 분석하는데 유리하다.
② 엔터티 통합여부 판단의 기초가 된다.

③ 엔터티의 정의를 견고하게 할 수 있다.

④ 주제영역 분류의 기준을 제공한다.

166 다음 중 아래 ERD의 직렬 관계의 특성으로 <u>틀린</u> 것을 <u>모두</u> 고르시오.

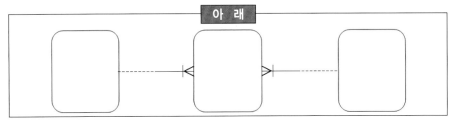

① 새로운 테이블이 추가됨

② 인덱스 수가 감소될 가능성이 높음

③ 여러 개의 속성으로 나누어짐

④ 변화에 유리함 (로우만 추가됨)

167 다음 중 본질 식별자에 대한 설명으로 <u>부적절한</u> 것은?

① 카드 회사의 데이터 모델링 과정에서 나올 수 있는 '신용카드'의 '카드번호'는 본질 식별자에 해당한다.

② 1:M 관계에서 1쪽의 식별자가 M쪽에서 항상 식별자로 되는 것은 아니다.

③ 인조 식별자(Artificial Unique Identifier)도 때로는 본질식별자가 될 수 있다.

④ 본질 식별자는 만약 본질 식별자를 이루는 속성이 없을 때 자신이 절대로 태어날 수 없는 경우에만 해당한다.

168 엔터티 정의 단계에서 엔터티의 통합 및 분할을 위해서 여러 가지 기준들을 적용하게 된다. 아래의 데이터 모델에서와 같이 데이터(계약속성정보)를 관리하더라도 서로 다른 방법으로 적용할 수 있다. 다음 중 아래의 데이터 모델에 대한 설명으로 <u>부적절한</u> 것은?

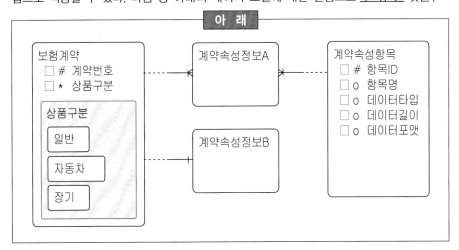

① '계약속성정보A' 와 같이 관리하는 방법의 가장 큰 장점은 어떠한 속성이 추가 되더라도 데이터 모델에는 변화를 주지 않는다는 것이다.

② '계약속성정보A' 와 같이 관리하는 방법의 가장 큰 단점은 해당 엔터티에 대한 조건 검색이나 빈번한 액세스가 발생한다면 불리해진다는 것이다.

③ '계약속성정보A' 와 같이 관리하는 방법은 ERP와 같은 패키지에서 자주 사용되어지는 데이터 모델링 기법이다.

④ '계약속성정보A' 와 같이 관리하는 상황에서 속성정보의 이력을 관리하기 위해서는 새로운 엔터티를 추가하여야 한다.

169 다음 중 개념 데이터 모델링 단계에서 코드성 엔터티의 처리에 대해 <u>적절한</u> 것은?

① 코드성 엔터티는 키 엔터티로 볼 수 있다.

② 코드 속성을 코드성 엔터티로 도출해 놓으면 데이터 모델이 복잡성의 함정에 빠질 수 있으므로 엔터티로 도출하지 않는 것이 좋다.

③ 코드 속성이 의미상의 주어가 된다면 반드시 코드성 엔터티로 정의해 주어야 한다.

④ 코드성 엔터티의 도출은 부모-자식 관계 표현을 통해 개념 데이터 모델을 보다 상세하게 정의할 수 있기 때문에 꼭 필요한 과정이다.

170 다음 중 논리 데이터 모델링을 수행할 때 고려할 사항으로 가장 거리가 먼 것은?

① 특정한 응용프로그램이나 기술에 특화되지 않고 다수에 의해 사용 가능해야 한다.

② 현재 상태를 근간으로 최소한의 노력을 통해 새로운 요구 사항을 수용할 수 있어야 한다.

③ 업무가 데이터를 이용하고 관리하는데 있어서 데이터 값의 일관성이 있어야 한다.

④ 업무가 데이터를 이용하고 수행하는데 있어서 적절한 속도를 보장해야 한다.

171 다음 중 실제 데이터 모델링 과정에서 엔터티 정의의 판단 기준을 <u>부적절하게</u> 설명한 것은?

① 보험사에서 '피보험자', '납입자' 등은 업무 중심에 존재하는 매우 중요한 엔터티이다.

② '고객' 은 엔터티 후보라고 볼 수 있지만, '불량거래자' 는 엔터티 후보라고 보기에는 무리이다.

③ '금융기관' 은 '금융' 과 '기관' 의 합성어 형태이고, 엔터티로 정의할 수도 있다.

④ '배송처' 는 순수 본질 집합이 아니지만 경우에 따라서는 엔터티로 정의될 수도 있기 때문에 이 과정에서 엔터티 후보로 도출하는 것은 가능하다.

172 다음 중 아래의 관계형 모델이 위배하고 있는 성격으로 <u>적합한</u> 것은?

아 래
계좌번호를 지점코드 + 상품코드 + 년도 + 순번을 합쳐서 하나의 속성으로 구성 구매일자를 구매년도, 구매 월, 구매일의 세 개의 속성으로 구성

① 속성 원자성   ② 속성 무결성
③ 속성 단순성   ④ 속성 중복성

173 다음 중 서브타입 엔터티에 대한 설명으로 <u>부적절한</u> 것을 <u>모두</u> 고르시오.

① 서브타입 간에는 교집합이 존재하지 않아야 한다.

② 서브타입을 모두 결합하면 반드시 전체 집합이 되어야 한다.

③ 서브타입은 물리 데이터 모델에서 별개의 테이블로 분할 된다.

④ 서브타입의 사용은 가독성을 증진시키지만 물리 데이터 모델 전환 시에 복잡성이 증가하는 단점을 갖고 있다.

174 개념 데이터 모델링 단계에서 많은 후보 엔터티들을 분류하고 핵심 엔터티를 정의하게 된다. 이러한 일련의 작업에서 많은 코드성 엔터티들이 나타나게 된다. 다음 중 아래의 개념 데이터 모델에서 '설비타입'에 대한 모델러의 판단으로 가장 <u>부적절한</u> 것은?

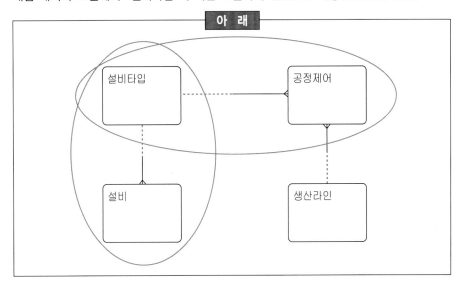

① '설비타입'이 오로지 설비들을 분류하는 용도로 사용된다고 판단했다면 굳이 지금 단계에서 엔터티로 정의하지 않을 수도 있다.

② 만약 '설비타입'과 '생산라인' 별로 관리하고자 하는 '공정제어' 값들이 있다면 이 '설비타입' 은 분명히 부모의 역할을 하게 되므로 지금 엔터티로 도출하여 핵심엔터티로 정의하고 '공정 제어' 집합에 대한 자세한 분석을 실시한다.

③ '설비타입' 엔터티가 멀지 않은 장래(To-be)에 다른 속성을 가질 수 있는지를 확인하기 위 해서 업무 담당자와 협의한 후에 가능성이 있다고 판단되면 엔터티로 정의한다.

④ '설비타입' 엔터티 후보가 다른 엔터티와의 관계, 특히 자식관계가 없다고 판단하여 엔터티 정의에서 제외하기로 하였다.

175 다음 중 서브타입의 적용 기준으로 <u>부적합한</u> 것을 <u>모두</u> 고르시오.

① 분류 속성에 따라 엔터티의 정보가 차별화 되는 경우
② 소수의 선택 속성과 다수의 필수 속성이 존재하는 경우
③ 서브타입으로 분할함으로써 관계가 필수관계로 변하는 경우
④ 복잡한 엔터티의 단순화가 필요한 경우

176 다음 중 아래의 모델이 궁극적으로 발생할 수 있는 문제점으로 <u>적합한</u> 것은?

① 관계의 중복은 중복 데이터를 도입하게 되며 결국 데이터베이스 일관성에 문제를 일으킬 수 있다.
② 주문 실체 유형에 '접수부서'와 '접수사원'을 관리해야 하므로 아무런 문제가 없다.
③ '사원'의 소속이 바뀌면 주문 당시의 '주문접수부서'를 알 수 없으므로 '주문'과 '부서' 사이에 관계를 가지고 가는 것은 논리적으로 문제가 없다.
④ '부서'와 '주문'의 JOIN 시에 Access Path를 신속하게 하기 위하여 '주문'이 '부서'와 관계를 가지는 것은 합당하다.

177 개념 데이터 모델링 단계에서의 키 엔터티의 통합과 분할에 대한 전략은 전체 시스템의 데이터 모델에 지대한 영향을 미치게 된다. 다음 중 엔터티의 통합과 분할에 대한 설명으로 <u>적합한</u> 것은?

① 엔터티는 통합 할수록 집합의 유연성은 향상되지만 독립성은 저하된다.
② 집합의 일부가 서로 겹칠 때 어느 한 집합을 확장하여 나머지를 포함시키는 것은 부적절한 형태의 통합 방법이다.
③ 키 엔터티를 최대한 통합을 하는 것은 향후에 생길 자식 엔터티를 위해서 가급적이면 삼가해야 한다.
④ 집합의 동질성 부여 방법에 따라 집합의 독립성에 영향을 주지는 못한다.

178 다음 중 관계(Relationship)에 대한 설명으로 <u>틀린</u> 것은?

① 집합 간에는 하나 이상의 많은 관계들이 존재할 수 있다. 하지만 이러한 관계들 중에서 직접 관계만을 표현하는 것이 논리 데이터 모델링이다.
② 다대다(M:M) 관계는 관계의 복잡성을 증가시키므로 발견 즉시 두개의 일대다(1:M) 관계를 가지는 관계 엔터티(Relationship Entity)로 분해하는 것이 바람직하다.
③ 관계의 내용에 따라서 얼마든지 관계의 형태가 달라질 수 있다.

④ 관계를 맺는 두 엔터티의 의미상 식별자가 결정되지 않았다면 관계를 생성하는 것은 무의미
하다고 볼 수 있다.

179 다음 중 관계(Relationship)에 대한 설명으로 <u>부적합한</u> 것을 <u>모두</u> 고르시오.

① 관계도 집합이다.
② 집합 간에 존재하는 무수히 많은 관계 중에 직접종속인 것만을 관계로 모델링한다.
③ 다대다(M:M) 관계는 복잡성을 증가시키므로, 발견 즉시 두 개의 일대다(1:M) 관계를 갖는
관계 엔터티(Relation Entity)로 분해한다.
④ 두 엔터티 간에 하나 이상의 관계를 정의하는 것은 바람직하지 않다.

180 개념 데이터 모델링에서는 엔터티 후보에 대한 객관적인 판단의 근거를 가지고 엔터티
여부를 판별하는 것이 매우 중요하다. 아래와 같은 엔터티 후보들이 있다고 가정할 때,
다음 중 각 엔터티 후보들에 대한 모델러의 판단으로 가장 <u>부적절한</u> 것은?

아 래
금융기관, 피보험자, 법인, 배송처

① '금융기관'은 '금융'이라는 행위와 기관이라는 개체가 묶여진 관계(Relationship)이다.
② '피보험자'는 '피보험'이라는 행위와 '자'라는 개체가 묶여서 만들어진 관계이다. 하지만,
'피보험자'가 다대다(M:M)이라면 엔터티(교차엔터티, 관계엔터티)로 생성될 수 있다.
③ '법인'은 '고객'의 서브타입에 해당하므로 독자적인 엔터티가 아니다.
④ '배송처'는 '배송'이라는 행위와 '처'라는 개체 집합으로 결합된 형태이기 때문에 관계라고
할 수 있지만 경우에 따라서는 '배송처'가 될 수 있는 개체들만 모아둔 엔터티로 볼 수도 있다.

181 다음 중 논리 데이터 모델링에 대한 설명으로 가장 <u>부적합한</u> 것은?

① 논리 데이터 모델은 논리적 관점에서 데이터 모델링이 최종적으로 완료된 상태를 말한다.
② 전산화 대상 시스템의 형태나 목적 등에 의해 영향을 받는다.
③ 비즈니스 데이터에 존재하는 사실을 인식·기록하는 기법이다.
④ 데이터 모델링 과정에서 가장 핵심이 되는 부분으로 분석 초기 단계에서부터 인간이 결정해야 할
대부분의 사항을 모두 정의함으로써 설계의 전 과정을 지원하는 '과정의 도구'라고 할 수 있다.

182 다음 중 아래의 표가 필요한 정규화로 <u>적합한</u> 것은?(주문번호가 식별자이다.)

아 래					
주문번호	공급자코드	공급자명	공급자주소	납기일	총액
20050909-100	A199701	국제전자	서울시 중구 서소문동 동양빌딩 9층	20050911	48,000,000
20050909-101	A200002	삼영산업	경북 구미시 팔달동 1200 삼양빌딩	20050915	11,500,000
20050909-102	A200111	우리전자	서울시 구로구 구로동 우리전자빌딩 5층	20050917	73,000,000

① 제1차 정규화
② 제2차 정규화
③ 제3차 정규화
④ 제4차 정규화

183 다음 중 논리적 데이터모델링의 목적 및 효과로서 부적절한 것은?

① 해당 비즈니스에 대해 데이터 관점에서 명확한 이해가 가능하다.
② 데이터베이스를 구성하는 오브젝트(Object)들의 설계 전략이 반영되어 있다.
③ 사용자와 명확한 의사소통을 하기 위한 수단으로 활용된다.
④ 데이터의 일관성 및 정확성 유지를 위한 규칙을 도출할 수 있다.

184 다음 중 엔터티의 통합과 분할에 대한 설명으로 적합한 것은 ?

① 핵심 엔터티 즉, 상위 엔터티를 최대한 통합하는 것은 향후에 생길 하위 엔터티를 위해서 가급적이면 삼가해야 한다.
② 보험회사의 경우에는 '대리점'이 '내근사원'과 통합하는 것이 좋지만, 통신회사인 경우에는 '조직'과 통합하는 것이 바람직하다.
③ 집합의 일부가 서로 겹칠 때는 어느 한 집합을 확장하여 나머지를 포함하는 것이 부적절한 형태의 통합 방법일 수 있다.
④ 향후 변화에 대응하기 위해서는 데이터 모델이 반드시 유연성을 가지고 있어야 한다. 이러한 유연성 확보를 위해서 집합을 최대한 분할하는 것이 바람직하다.

185 다음 중 논리 데이터 모델링의 필수 성공 요소들에 대한 설명으로 부적절한 것을 모두 고르시오.

① 현업 사용자보다 업무시스템 운영 경험이 많은 유지보수 담당자의 참여가 필수적이다.
② 절차(Procedure) 보다는 데이터에 초점을 두고 모델링을 진행해야 한다.
③ 데이터의 구조(Structure)와 무결성(Integrity)을 함께 고려해야 한다.
④ 변경이 발생할 가능성은 매우 높으면서 이력관리 대상 속성이 적으면 속성 레벨의 선분이력 관리 방식이 유리하다.

186 데이터 모델링을 체계적으로 수행하기 위해서는 여러 경로를 통해서 수집된 엔터티 후보들을 분류해야 한다. 특히, 엔터티의 우선순위를 정하여 먼저 정의해야 할 엔터티와 나중에 정의해야 할 엔터티를 분류해야 한다. 다음 중 엔터티 후보의 분류를 위한 모델러의 수행내용으로 가장 부적합한 것은?

① 우선순위가 높은 엔터티들은 대개 전체 데이터 모델링의 골격에 해당하는 주요 엔터티들이기 때문에 먼저 이들을 명확하게 함으로써 모델링의 골격을 갖출 수 있다.
② 데이터 모델링의 골격에 해당하는 엔터티는 각 회사마다 가장 중요한 데이터의 집합인데 비즈니스 영역마다 유사한 형태를 가지고 있는 것이 보통이다.
③ 최상위 우선순위를 가지는 엔터티들은 대개 행위를 발생시키는 주체나 목적에 해당한다.
④ 카드사에서 '신용카드'라는 엔터티 후보는 최상위 우선순위를 가지고 있으므로 가장 먼저 정의해야 할 중요한 엔터티이다.

187 엔터티 정의를 수행하고 해당 엔터티 내의 관리항목들을 도출하여 정의하는 과정을 '속 성 정의'라고 한다. 다음 중 속성 정의에 대한 설명으로 틀린 것은?

① 엔터티에 통합되는 구체적인 정보항목으로써 더이상 분리될 수 없는 최소의 데이터 보관 단 위이다.
② 관계(Relationship)도 속성이다.
③ 속성들은 서로 독립적이고 식별자에만 종속되어야 한다.
④ 현재 시스템과 다른 시스템의 다큐먼트는 속성 후보 수집처로 적절하지 못하다.

188 다음 중 참조 무결성 규칙에 대한 설명으로 틀린 것은?(단, 주문과 주문내역은 1:M의 양 쪽 필수 관계)

① 주문과 주문내역 실체 유형에서 주문 인스턴스(Row) 삭제 시에는 주문내역 인스턴스(Row)를 삭제한다.
② 주문과 주문내역 실체 유형에서 주문 인스턴스(Row) 삭제 시에는 주문내역 인스턴스(Row)가 있으면 삭제하지 않는다.
③ 주문과 주문내역 실체 유형에서 주문내역 인스턴스(Row) 입력 시에는 주문 인스턴스(Row)가 있는 경우만 입력한다.
④ 주문과 주문내역 실체 유형에서 주문내역의 마지막 인스턴스(Row) 삭제 시에는 주문 인스턴 스(Row)도 삭제한다.

189 논리 데이터 모델링 과정에서 속성 후보를 수집하기 위한 자료로 다음 중 가장 <u>부적절한</u> 것은?

① 중장기 마스터플랜
② 현업장표/보고서
③ 사용자 인터뷰
④ 타 시스템 자료

190 데이터 모델에서 일대일(1:1) 관계는 어느 쪽 당사자의 입장에서 보더라도 반드시 일대일 대응 관계를 가진다. 일대일(1:1) 관계는 선택사항의 종류에 따라서 몇 가지로 나눌 수 있는데, 다음 중 일대일(1:1) 관계의 선택사항에 대한 설명으로 <u>올바른</u> 것은?

① 필수−선택형태(——---)는 좌측 엔터티가 우측 엔터티에 집합적으로 포함되는 형태를 말한다.
② 필수−필수형태(——)가 데이터 모델에 많이 등장하였다면, 모델링 과정 중에서 과도한 수 평분할을 시도하였기 때문이다.
③ 선택−선택형태(-----)는 실전에서 빈번하게 발생하는 일대일(1:1) 형태의 관계가 바람직하다.
④ 일대일(1:1) 형태의 데이터 모델은 최대한 일대다(1:M) 관계의 데이터 모델로 유도하는 것이 바람직하다.

191 A기업은 논리 데이터 모델링의 중간 단계에서 속성 후보들을 도출하고 각각의 속성 후보에 대해서 타당성 작업을 수행하고 있는데, 다음 중 속성 검증의 방법으로 가장 <u>부적절한</u> 것은?

① 최소 단위 분할 여부를 판단한다.
② 해당 속성 후보가 단일값을 갖는지 판단한다.
③ 추출 속성인지 판단한다.
④ 식별자로 사용되는 것인지 판단한다.

192 다음 중 실체 유형에 대한 정의(설명)를 기술할 때 고려해야 할 사항으로 가장 거리가 먼 것은?

① 실체 유형의 정의(설명)는 그 실체 유형이 무엇인지를 설명해야 한다.
② 실체 유형의 정의(설명)는 왜 그 실체 유형이 업무에서 중요한가를 설명해야 한다.
③ 실체 유형의 정의(설명)는 누가, 어떻게 실체 유형을 사용하는지를 설명해야 한다.
④ 실체 유형의 정의(설명)는 실체 유형명은 명확하고 간결하게 설명해야 한다.

193 엔터티 내의 속성을 정의하는 단계에서 "'일자', '시간', '성명', '주민등록번호', '우편번호' 등은 일반적으로 나누지 않는 것이 좋다."라는 모델링 유의사항을 모델러로 부터 들었다. 다음 중 유의사항이 속하는 속성 검증의 하위 단계로 <u>적합한</u> 것은?

① 상세화 여부 판단
② 최소 단위 분할
③ 추출 속성 검증
④ 단일값

194 아래의 데이터 모델은 흔히 볼 수 있는 고객 데이터 모델이다. (특히, 고객의 주소를 관리하는 데이터 모델이다.) 아래의 데이터 모델에서와 같이 고객의 주소는 '고객주소이력1', '고객주소이력2' 등과 같은 형태로 관리하는 것이 대표적이다. 다음 중 이에 대한 설명으로 가장 <u>부적절한</u> 것은?

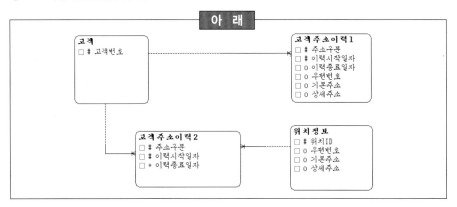

① '법인고객' 을 '고객'에서 통합해서 관리하고 있다면, '고객주소이력2'와 같은 형태의 고객주소관리는 비효율적이다.

② '고객주소이력1'과 같은 형태의 고객주소관리 형태에서는 동일한 주소 즉, 장소가 여러 번 반복해서 나타나는 경우가 발생할 수 있다.

③ '고객주소이력2'와 같은 형태의 데이터 모델은 ERP와 같은 패키지 형태에서 자주 등장하는 데이터 모델로써 확장성과 재사용성의 극대화에 초점을 두고 있다.

④ '고객주소이력1'과 같은 형태의 고객주소관리에서는 고객이 가진 여러 가지 구분(자택, 직장 등)의 주소이력을 통합하여 관리할 수 있다.

195 속성 검증 원칙 중에서 단일 값 원칙에 의해 "한 개체가 여러 값을 가지거나 반복되는 속성을 가지게 되면 잘못된 속성이다."가 위배하는 정규화 원칙으로 <u>적합한</u> 것은?

① 1차 정규화
② 2차 정규화
③ 3차 정규화
④ 4차 정규화

196 데이터 모델링에서는 계층적으로 생기는 데이터를 관리하기 위해서 흔히 순환관계 모델을 생성하게 된다. 다음 중 순환관계 데이터 모델에 대한 설명으로 가장 <u>부적절한</u> 것은?

① 순환관계 모델은 새로운 계층의 추가 · 수정에 대해서 유연하게 대처할 수 있다. 즉, 구조의 변화가 필요 없이 변화에 대처할 수 있다.

② 순환관계 모델에서 최상위는 의미적으로 NULL이지만 물리적인 요소(수행 성능 등)를 고려해서 특정 값을 갖는 것이 바람직하다.

③ 다대다(M:M) 순환관계를 처리하기 위해서는 별도의 엔터티를 추가하여야 한다.

④ 순환관계 모델에서 구조가 변경되면 식별자가 변해야 하기 때문에 과거의 데이터에 대해서 수정작업을 수행해야 한다.

197 A기업의 논리 데이터 모델링 중에서 '고객' 엔터티의 속성을 정의할 때, 다음 중 추출 속성(Derived Attribute)값으로 가장 거리가 먼 것은?

① 현주소
② 최초가입일
③ 고객활동상태
④ 결혼기념일

198 아래의 엔터티는 A회사에서 자재 구매의뢰 정보를 관리하는 엔터티이다. 다음 중 이 엔터티의 인스턴스 레벨 결정에 영향을 미치는(의미상 식별자의 역할을 한 속성 조합) 속성(들)로 <u>적합한</u> 것은?

```
                    ┌───────────┐
                    │   아  래   │
                    └───────────┘
┌────────────────────────────────────────────────┐
│        ╭──────────────────────╮                 │
│        │  구매의뢰             │                 │
│        │ □ # 구매의뢰번호      │                 │
│        │ □ ○ 자재코드         │                 │
│        │ □ ○ 의뢰부서         │                 │
│        │ □ ○ 의뢰일자         │                 │
│        │ □ ○ 승인수량         │                 │
│        │ □ ○ 발주부서         │                 │
│        │ □ ○ 의뢰수량         │                 │
│        │ □ ○ 용도            │                 │
│        │ □ ○ 의뢰처          │                 │
│        │ □ ○ 발주처          │                 │
│        │ □ ○ 진행상태        │                 │
│        ╰──────────────────────╯                 │
└────────────────────────────────────────────────┘
```

① 구매의뢰번호　　　　　　　　　　② 자재코드, 의뢰일자

③ 구매의뢰번호, 자재코드, 의뢰일자　④ 자재코드, 의뢰부서, 의뢰일자

199 다음 중 속성 정의 시에 유의사항으로 <u>부적절한</u> 것을 <u>모두</u> 고르시오.

① 의미가 명확한 속성 명칭을 부여한다.

② '전화번호'라는 속성은 일반적으로 많이 사용되는 용어로써 속성명으로 적합하다.

③ '순번', '상태' 등과 같이 유일한 복합명사를 사용한다.

④ 단수형으로 속성명을 사용한다.

200 다음 중 엔터티 후보 선정시 유의사항으로 가장 <u>적절한</u> 것은?

① 중요한 엔터티인 경우 가능한 깊이 분석하는 것이 좋다.

② 단어 하나하나에 집중하지 않고 전체 집합을 고려하여 집합을 개념적으로 정의하는 것이 좋다.

③ 데이터는 프로세스와 밀접하게 관련있기 때문에 엔터티 후보 선정 시 프로세스 파악은 중요하다.

④ 이음동의어, 동음이의어등과 같이 동의어처럼 보이는 집합도 집합을 명확하게 구분하여 파악하는 것이 중요하다.

201 다음 중 '고객' 엔터티의 식별자를 결정하기 위한 기준에 대한 설명으로 가장 <u>부적절한</u> 것은?

① 각 인스턴스들을 유일하게 식별할 수 있어야 한다.

② 나머지 속성들을 직접 식별할 수 있어야 한다.

③ 후보 식별자로 속성 집합을 선택하는 경우에는 개념적으로 유일해야 한다.

④ 후보 식별자는 단일 속성이어야 한다.

202 다음 중 데이터 모델링에서 이력 관리의 대상과 가장 거리가 먼 것은?

① 부서와 사원의 관계　　　　　　　② 주문과 주문품목의 관계

③ 상품 단가에 대한 관리　　　　　　④ 금융 상품의 이자율 관리

203 엔터티에서 실제 인스턴스 탄생의 주체에 해당하는 속성들을 '본질 식별자' 라고 한다. 본질 식별자는 여러 가지 목적으로 인해 본질 식별자를 대체할 인조 식별자를 지정하게 된다. 다음 중 인조 식별자 지정에 대한 설명으로 <u>부적절한</u> 것은?

① 최대한 범용적인 값을 사용한다.

② 유일한 값을 만들기 위해 인조 식별자를 사용한다.

③ 편의성 · 단순성 확보를 위해 인조 식별자를 사용할 수 있다.

④ 내부적으로 사용되는 인조식별자는 가급적 피한다.

204 다음 중 Richard Barker의 CASE*Method 방식과 정보공학 방식이 <u>잘못</u> 짝지어진 것은?

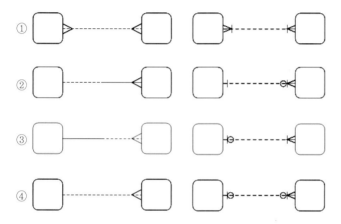

205 다음 중 식별자 확정 시에 고려사항으로 가장 <u>부적절한</u> 것은?

① 상위 엔터티로부터 하위 엔터티로 결정해가는 것이 좋다.

② 메인 엔터티는 하위 엔터티들에 대한 영향이 크기 때문에 식별자 속성의 갯수를 적게 하는 것이 좋다.

③ 인조 식별자는 유일성 확보에 유리하므로 적극적인 사용을 고려한다.

④ 인조 식별자의 사용은 꼭 필요한 경우에만 한정적으로 사용하는 것이 바람직하다.

206 아래의 내용을 위반한 속성이 발견되었을 때, 다음 중 모델러가 제일 먼저 취해야 할 행동으로 가장 적절한 것은?

> **아 래**
>
> 한 개체가 여러 값을 가지거나 반복되는 속성을 가지게 되면 잘못된 속성이다.

① 해당 속성은 잘못된 속성으로 간주하여 배제시킨다.

② 반복되는 형태에 대해 정확히 파악하기 위해서는 해당 속성의 생성 규칙 내용을 업무 담당자와 협의하여 그 결정에 따라 판단한다.

③ 이 부분은 정규화 과정에서 진행된다고 가정하여 우선순위를 뒤로 미룬다.

④ 해당 엔터티의 UID에 대한 적절성 여부를 판단한다.

207 다음 중 논리 데이터 모델링의 최종적인 단계에 해당하는 정규화 작업의 내용으로 올바른 것은?

① 1차 정규형 : 모든 속성은 식별자 전체에 종속되어야 한다.
② 2차 정규형 : 반복 속성은 존재할 수 없다.
③ 3차 정규형 : 2차 정규형을 만족하고, 비식별자 속성 간에 종속이 없어야 한다.
④ 인조 식별자의 사용은 데이터 일관성, 무결성 확보에 유리하므로 정규화를 생략할 수 있다.

208 다음 중 선분(기간)이력으로 관리해야 하는 것으로 가장 거리가 먼 것은?

① 각 상품별 이자율에 대한 이력 관리
② 매일 바뀌는 환율에 대한 이력 관리
③ 어느 부서에 어떤 사원이 근무했다는 이력 관리
④ 제조 기업의 상품 단가에 대한 이력 관리

209 다음 중 정규화 작업을 수행함으로써 얻을 수 있는 장점으로 가장 거리가 먼 것은?

① 중복값 및 Null 값이 줄어든다.
② 데이터 구조의 안정성이 향상된다.
③ 복잡한 코드로 데이터 모델을 보완할 필요가 없어진다.
④ 새로운 요구 사항의 도출을 차단하여 개발의 안정성을 확보할 수 있다.

210 다음 중 선분(기간)이력관리에 대한 설명으로 가장 <u>부적절한</u> 것은?

① 선분(기간)이 중첩되지 않도록 해야 한다.
② 시작일자와 종료일자로 관리할 때 종료일자에 "99991231"을 초기(Default)값으로 설정하는 것은 성능상의 이유다.
③ 데이터의 유효기간을 관리하는 형태로 특정 시점의 데이터를 조회할 때 유리하다.
④ 종료일자는 어떤 면에서 데이터 중복이므로 데이터 무결성을 위하여 가급적 선분이력은 사용하지 않는다.

211 다음 중 다대다(M:M) 관계에 대한 설명으로 <u>부적절한</u> 것을 <u>모두</u> 고르시오.

① 논리 데이터 모델링 과정 중에서 흔히 나타난다.
② 실세계의 업무 중 대부분은 다대다(M:M) 관계라고 할 수 있다.
③ 다대다(M:M) 관계는 발생 즉시 해소되어야 데이터 모델의 품질이 향상된다.
④ 다대다(M:M) 관계가 해소되면 두 개의 일대다(1:M) 관계로 변환되고 새로운 엔터티의 추가는 필요없다.

212 다음 중 속성 정의에 대한 설명으로 <u>부적합한</u> 것은?

① 속성은 엔터티에 통합되는 구체적인 정보항목으로써 더 이상 분리될 수 없는 최소의 데이터 보관 단위이다.

② 속성에는 결국 데이터 값이 들어가게 되며, 그 값들은 여러 종류를 가지게 된다. 이런 측면에서 본다면 속성 또한 집합이라고 볼 수 있다.

③ 속성들 간에는 서로 독립적이고, 식별자에만 종속되어야 한다.

④ 현재 시스템의 유지보수를 게을리하여 파생된 시스템 다큐먼트(Document)는 속성후보의 수집처로 적절하지 못하다.

213 다음 중 참조 무결성 규칙에 대한 설명으로 <u>부적절한</u> 것을 <u>모두</u> 고르시오.

① 관계 테이블의 모든 외부 식별자 값은 관련 있는 관계 테이블의 모든 주 식별자 값이 존재해야 한다.

② 데이터베이스 설계 관점이 아닌 사용자의 업무 규칙에 따라 적절한 규칙을 선택한다.

③ 입력 규칙은 자식 실체에 인스턴스를 입력할 때, 참조 무결성 규칙으로 Dependent, Automatic, Nullify, Default 등이 해당된다.

④ 삭제 규칙은 자식 실체의 인스턴스를 삭제할 때 사용되어지는 참조 무결성 규칙으로 Restrict, Cascade, Nullify, Default 등이 해당된다.

214 아래의 내용이 설명하고 있는 정규화의 유형으로 <u>적합한</u> 것은?

> **아 래**
>
> 비정규형 릴레이션이 릴레이션으로서의 모습을 갖추기 위해서는 여러 개의 복합적인 의미를 가지고 있는 속성이 분해되어 하나의 의미만을 표현하는 속성들로 분해되어야 한다. 즉, 속성수가 늘어나야 한다.

① 제1 정규형   ② 제2 정규형
③ 제3 정규형   ④ BCNF 정규형

215 다음 중 이력관리 형태에 대한 설명으로 가장 <u>부적절한</u> 것은?

① 이력관리 형태는 시점이력관리와 선분이력관리로 구분할 수 있다.

② 시점이력관리는 변경 시점의 스냅샷을 관리하는 형태로 특정 시점의 데이터를 추출할 때 불필요한 작업을 수행하게 되는 단점을 갖고 있다.

③ 선분이력 관리는 데이터의 유효기간을 관리하는 형태로 특정 시점의 데이터를 추출할 때 유리하다.

④ 변경이 발생할 가능성은 매우 높으면서 이력관리 대상 속성이 적으면 속성 레벨의 선분이력 관리 방식이 유리하다.

216 다음 중 아래의 데이터 모델에서 제3 정규형을 위배하고 있지 않은 속성으로 <u>적합한</u> 것은?

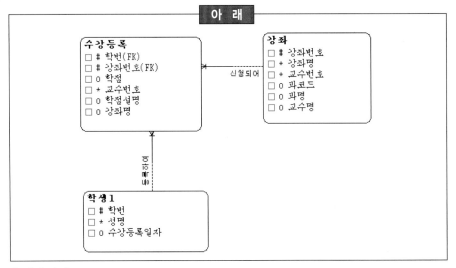

① 강좌.과명
② 수강등록.교수번호
③ 강좌.강좌명
④ 학생1.수강등록일자

217 이력관리의 방법에는 형태적으로 보면 시점이력과 선분이력으로 구분할 수 있고, 두 방법 모두 장·단점이 있다. 특히 선분이력관리는 시작점과 종료점을 관리하는데 종료점 처리를 어떤 방식으로 수행하느냐가 중요하다. 다음 중 종료점 처리의 방법을 결정하는 고려사항으로 가장 <u>적절한</u> 것은?

① 종료점에 해당하는 속성은 NULL 허용여부와 상관없이 인덱스 정의가 가능하므로 수행속도를 보장 받을 수 있다.
② 계속 진행 중이므로 무한히 계속되는 것으로 간주해 최대치를 부여하면 여러모로 효율적이다.(일자:99991231)
③ 종료점에 대한 최대치 부여는 해당 애플리케이션에서 Validation Check로 처리하면 DBMS에 부담을 덜어 주어 훨씬 효과적이며 유지보수에도 효과적이다.
④ DBMS 종류나 버전에 따라 NULL 검색도 인덱스를 사용할 수 있어서 Null 허용은 문제되지 않는다.

218 다음 중 관계 연산자에 대한 내용으로 <u>부적절한</u> 것은?

① Select (or Restrict) : 열(Column)을 기준으로한 행(Row)의 Subset
② Join : 열(Column)을 기준으로한 각 행(Row)을 수평적으로 묶음
③ Difference : 다른 관계 테이블의 모든 행에 대응하는 열을 제외한 열
④ Union : 중복배제를 기준으로 각 행(Row)을 수직적으로 묶음

219 다음 중 다대일(M:1) 관계에 대한 설명으로 가장 <u>적절한</u> 것은?

① 가장 흔하게 나타나는 관계 형태이다.
② 양쪽 모두가 선택적(Optional)인 것이 기본형이다.
③ 다대다(M:M) 관계는 '아직 덜 풀려진 형태'로 해석될 수 있으며 현실에서 드물게 발생한다.
④ 일대다(1:M) 관계 중 양측 필수관계인 경우는 현실 세계에서 가장 흔하게 발생하는 경우이다.

220 아래 데이터 모델은 이벤트 참여를 관리하는 데이터 모델이다. 다음 중 아래의 모델에서 제 3정규형을 위배하고 있는 속성으로 <u>적합한</u> 것은?

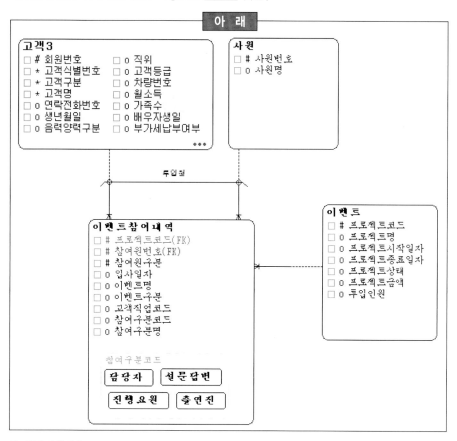

① 연락전화번호
② 고객직업코드
③ 참여구분명
④ 참여원번호

221 다음 중 논리 데이터 모델을 근간으로 구현될 시스템의 물리적인 요소를 반영하여 실제 시스템에 구축될 오브젝트를 모델링하는 단계인 '물리 데이터 모델'에 대한 정의로 가장 <u>부적절한</u> 것은?

① 논리 데이터 모델을 특정 데이터베이스로 설계함으로써 생성된 데이터를 저장할 수 있는 물리적인 스키마를 말한다.

② 논리 데이터 모델의 엔터티는 하나의 테이블로 확정되어 진다.

③ 하나의 논리 데이터 모델은 여러 개의 물리 데이터 모델로 설계되어 질 수 있다.

④ 논리 데이터 모델의 일부 속성만으로 물리 데이터 모델에서 테이블로 설계하는 경우도 발생할 수 있다.

222 다음 중 선분이력의 특징으로 틀린 것은?

① 향후 활용 관점에서 보면 과거 임의 시점의 이력 데이터를 Access하기 위해서는

    select …

      from 변경이력

    where 이력주체id = '원하는 이력주체'

      and '원하는 시점' between 시작일자컬럼 and 종료일자컬럼 ;

    과 같은 쿼리를 사용하여 원하는 데이터를 추출할 수 있다.

② 개체의 상태가 지속된 유효기간을 관리하는 방식이다.

③ 종료 시점이 아직 결정되지 않아서 현재 진행 중인 이력 데이터에 대한 종료값은 Null을 지정하는 것이 효율적이다.

④ 시점별로 환율의 변화를 관리해야 한다면 선분이력으로 관리하는 것이 바람직하다.

223 다음 중 하나의 논리 데이터 모델을 가지고 여러 개의 물리 데이터 모델을 생성하는 이유로 가장 거리가 먼 것은?

① 하나의 논리 데이터 모델을 가지고 분산 데이터베이스 구축 시에 동일한 물리 데이터 모델을 여러 개 생성한다.

② 조금씩 상이한 물리 데이터 모델을 생성하여 여러 형태의 물리 데이터 모델을 비교하고자 할 때 생성한다.

③ 논리 데이터 모델은 변화하지 않았지만 물리적 환경의 변화 발생 시에 여러 개의 물리 데이터 모델을 생성한다.

④ 사용자의 요구가 명확하지 않을 때 여러 개의 물리 데이터 모델을 생성한다.

224 다음 중 일반적인 데이터 모델에서 이력을 관리하는 모델로 변환 시에 나타나는 상황에 대한 설명으로 틀린 것은?

① 이력 관리는 관계의 형태를 변화시킨다. 즉, 속성이나 관계의 Cardinality를 증가시키게 된다.

② 하나의 엔터티에 일반 속성 이력을 관리하면 일대다(1:M) 관계의 하위 엔터티를 생성하게 된다.

③ 다대다(M:M) 관계인 상태에서 해당 관계에 대한 이력을 관리하면 기존의 관계 엔터티에 추가적인 식별자 속성을 발생시키게 된다.

④ 일대다(1:M) 관계에 대한 이력을 관리하면 M쪽 엔터티에 속성을 추가하여 관리하게 된다.

225 다음 중 물리 데이터 모델 설계에 영향을 미치는 요소로 가장 <u>부적절한</u> 것은?

① CPU, MEMORY, DISK 등 하드웨어 자원의 상황

② 운영체제 및 DBMS 버전

③ DBMS 파라미터 정보

④ 개발자 기술 수준

226 다음 중 논리 데이터 모델의 관계변환에 대한 설명으로 가장 <u>부적절한</u> 것은 ?

① 일대다(1:M) 관계는 논리 데이터 모델에서 가장 흔한 관계의 형태이고, 물리 데이터 모델에서는 M쪽 관계의 형태에 따라서 해당 칼럼의 선택사항이 결정된다.

② 일대일(1:1) 관계에 의해서 생긴 모든 외래키는 Unique Constraints를 정의할 수 있다.

③ 선분이력을 관리하는 상위 엔터티와 관계에서는 상위 엔터티의 식별자 전체를 하위 엔터티에서 상속받지 않아도 데이터적인 연결을 수행할 수 있으므로 식별자 상속을 시키지 않을 수도 있다.

④ 일대일(1:1) 관계에서는 양쪽 집합의 선택사양에 따라서 외래키의 생성 위치가 달라질 수 있다. 즉, Optional 관계를 가진 쪽 집합에서 외래키를 생성하는 것이 유리하다.

227 다음 중 논리 데이터 모델을 물리 데이터 모델로 변환할 때 <u>잘못</u> 짝지어진 것은?

① Entity – Table

② Attribute – Column

③ Primary UID – Primary Key

④ Business Rule – Index

228 A기업에서는 새로운 시스템을 생성하기 위해 논리 데이터 모델링 작업이 완료하고 물리 데이터 모델링을 진행하려고 한다. 이 회사에서 관리하는 엔터티 중에 '통화내역' 이라는 테이블에 월별 약 1,000만건의 데이터가 생성될 것으로 예상하고 있다. 이러한 이유로 모델러는 적절한 구분 칼럼을 기준으로 파티셔닝을 고려하고 있을 때, 다음 중 모델러가 A기업의 여러 물리적인 요소 중에서 가장 <u>먼저</u> 파악해야하는 것은?

① CPU, MEMORY, DISK 등의 하드웨어 자원 정보

② 운영체제 및 DBMS의 버전 정보

③ DBMS의 파라미터 정보

④ 백업 · 복구 기법 및 정책, 보안관리 정책 등의 데이터베이스 운영 관리요소 정보

229 논리 데이터 모델에서 '고객' 엔터티에는 서브타입으로 '개인', '법인'을 정의하였다. 논리 데이터 모델에서 정의된 서브타입 엔터티를 변환하는 방법은 여러 가지가 존재하지만 각각의 방법은 상황에 따라서 다른 방법으로 구현되어 진다. 다음 중 논리 데이터 모델의 서브타입 엔터티를 물리적인 객체로 생성하는 방법으로 가장 <u>부적절한</u> 것은?

① 하나의 테이블로 통합하여 '고객' 테이블을 생성한다.

② 여러 개의 테이블로 분할하여 '개인' 테이블과 '법인' 테이블을 생성한다.

③ 수퍼타입과 서브타입을 각각의 테이블로 변환하여 세개의 테이블로 생성한다. 즉, '고객' 테이블, '개인' 테이블, '법인' 테이블을 생성한다.

④ '법인' 내의 또 다른 서브타입인 '법인사업자'와 '개인사업자'를 별개의 테이블로 생성한다.

230 논리 데이터 모델링 단계에서 정의된 선분이력 모델을 물리 데이터 모델로 변환할 때 주의해야 할 사항 중에 하나가 선분이력을 가진 칼럼의 인덱스 순서를 주의해야 한다.(참고로, 대개의 고객 직장을 참조하는 경우는 고객의 현재 직장을 참조하는 경우가 대부분이다.) 아래의 모델과 같이 고객의 직장에 대한 이력을 선분이력으로 관리한다면 '고객직장이력' 엔터티를 테이블로 변환하고 인덱스를 설계할 때, 다음 중 PK 인덱스의 칼럼 순서로 가장 <u>적합한</u> 것은?

① 고객번호 + 시작일자 + 종료일자   ② 시작일자 + 종료일자 + 고객번호

③ 고객번호 + 종료일자 + 시작일자   ④ 종료일자 + 시작일자 + 고객번호

231 다음 중 논리 데이터 모델의 서브타입 엔터티를 물리적인 테이블로 변환하는 방법에 대한 설명으로 가장 <u>부적절한</u> 것은?

① 서브타입을 하나의 테이블로 통합하는 경우에는 주로 서브타입이 적은 양의 속성이나 관계를 가진 경우에 적용한다.

② 서브타입을 하나의 테이블로 통합하면 데이터 액세스가 보다 간편해지고, 복잡한 처리를 하나의 SQL로 통합하기가 용이해져서 수행속도가 향상될 수 있다.

③ 서브타입을 여러 개의 테이블로 분할하는 경우에는 주로 서브타입이 많은 양의 속성이나 관계를 가진 경우에 적용한다.

④ 서브타입을 여러 개의 테이블로 분할하면 각 서브타입 속성들의 선택사양을 명확히 할 수 있으나, 처리 할 때 마다 서브타입의 유형구분이 필요하다.

232 반정규화의 한 방법으로 테이블이나 칼럼에 대한 중복을 수행하고자 할 때, 다음 중 고려 및 권고사항으로 <u>부적절한</u> 것을 <u>모두</u> 고르시오.

① 넓은 범위를 자주 처리함으로써 수행속도의 저하가 우려되는 경우에는 집계 테이블의 추가를 고려해 볼 수 있다.

② 자주 사용하는 엑세스 조건이 다른 테이블에 분산되어 있어 상세한 조건 부여에도 불구하고 엑세스 범위를 줄이지 못하는 경우에는 진행 테이블의 추가를 검토하는 것이 바람직하다.

③ 빈번하게 조인을 일으키는 칼럼에 대해서는 중복칼럼의 생성을 고려한다.

④ 계산된 값은 속성 정의에도 위배되고 함수적 종속이 존재하므로 정규형이 아니다. 하지만, 계산하는데 비용(노력)이 많이 발생하고 빈번하다면 계산 값을 중복시켜서 가져갈 수 있다.

233 다음 중 논리 데이터 모델에서 관계를 물리 데이터 모델의 객체로 변환하는 방법에 대한 설명으로 가장 <u>부적절한</u> 것은?

① 일대다(1:M) 관계는 논리 데이터 모델에 존재하는 가장 흔한 관계의 형태이고, M쪽 관계의 형태에 따라 관계 칼럼의 선택사양을 결정한다.

② 일대일(1:1) 관계에 의해서 생긴 모든 외래키 부분은 Unique Key가 필수적이다.

③ 일대다(1:M) 순환관계는 데이터의 계층구조를 표현하기 위한 수단으로 사용되며 특성상 1쪽, M쪽 양방향 모두 Optional이다.

④ 일대다(1:M) 관계에서 1쪽이 Mandatory이고 M쪽이 Optional 경우는 이론적으로만 가능할 뿐 현실세계에서 거의 발생하지 않기 때문에 무시할 수 있다.

234 논리 데이터 모델에서 배타적 관계를 물리 데이터 모델로 변환하는 방법은 크게 외래키 분리 방법과 외래키 결합 방법으로 나눌 수 있다. 다음 중 두 방법에 대한 설명으로 가장 <u>부적절한</u> 것은?

① 외래키 분리 방법에서 가장 큰 단점은 새로운 관계를 추가 할 때 구조가 변경되어야 한다는 것이다.

② 외래키 분리 방법에서는 논리 데이터 모델의 배타적 관계를 비즈니스 규칙으로 구현하기 위해서 별도의 제약조건을 생성할 필요가 있다.

③ 외래키 결합 방법은 배타적 관계에 참여하는 관계들을 구분하기 위해서 추가적인 칼럼이 필요하다.

④ 외래키 결합 방법에서는 외래키 제약조건을 통하여 참조 무결성을 유지할 수 있다.

235 물리 데이터 모델링 단계에서도 데이터 표준 적용 과정이 필수적이다. 다음 중 데이터 표준 적용 대상의 우선순위로 가장 <u>낮은</u> 것은?

① 뷰(View)
② 스토리지 그룹(Storage Group)
③ 테이블스페이스(Table space)
④ SQL 코멘트

236 논리 데이터 모델에서 서브타입 모델은 물리 데이터 모델링에서 여러 가지 형태로 변환이 가능하다. 아래와 같이 서브타입을 하나의 테이블로 생성할 때, 다음 중 관련된 설명으로 틀린 것은?

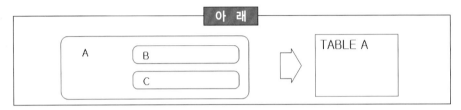

① TABLE A의 데이터를 액세스하고자 할 때 B와 C를 구분해서 액세스하는 것이 불편하다.

② B 서브타입에 정의된 Not Null Constraint를 생성하기가 어렵다.

③ 논리 데이터 모델에서 B와 C 서브타입에 정의된 개별 속성들이 많을 경우에 위와 같은 변환이 대부분이다.

④ 경우에 따라서는 인덱스의 크기가 증가할 수 있다.

237 논리 데이터 모델에서 정규화된 데이터 모델을 물리 데이터 모델에서 여러가지 물리적인 특성을 고려하여 테이블을 분할·통합할 수 있다. 다음 중 논리 데이터 모델의 특정 엔터티를 물리 데이터 모델에서 분할할 때에 대한 설명으로 부적절한 것은?

① 하나의 테이블의 데이터가 너무 많고, 레코드들 중에서 특정 범위만 주로 액세스 하는 경우가 많다면 수평분할이 적절하다.

② 수평분할 시에 분할된 각 테이블들을 서로 다른 디스크에 위치시키면 물리적인 디스크 효용성을 극대화할 수 있다.

③ 테이블의 칼럼 수가 너무 많고, 조회 위주의 칼럼과 갱신 위주의 칼럼이 구별될 수 있으면 수직분할이 유리하다.

④ 특정 칼럼의 크기가 아주 큰 경우에는 수평분할이 유리하다.

238 다음 중 배타적 관계 모델의 사용이 적절한 것은?

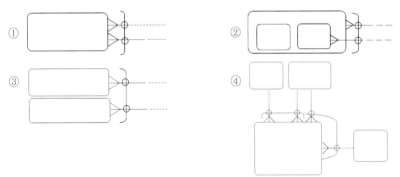

239 다음 중 반정규화의 한 방법으로 테이블이나 칼럼에 대한 중복을 고려할 때에 대한 설명으로 부적절한 것을 모두 고르시오.

① 다량의 범위를 자주 처리함으로써 수행속도 저하가 우려되는 경우 집계 테이블 추가를 고려한다.

② 자주 사용되는 중복 테이블 유형으로는 집계(통계) 테이블과 진행 테이블이 있다.

③ 클러스터링, 결합인덱스, 고수준 SQL 등을 적절히 활용하면 집계테이블 없이도 양호한 수행속도를 얻을 수 있기 때문에 집계테이블 고려 시에 반드시 먼저 고려되어야 한다.

④ M:M 관계가 포함된 처리의 과정을 추적, 관리하고자 하는 경우에는 다중테이블 클러스터링이나 조인 SQL의 정확한 구사 등으로 해결이 불가능하므로 반드시 진행 테이블 추가가 고려되어야 한다.

240 파일 시스템(File System)과 데이터베이스 시스템(Database System)의 가장 큰 차이점으로 적합한 것은?

① 데이터(정보) 공유
② 데이터(정보) 무결성
③ 데이터(정보) 중복
④ 시스템과 관계된 인력 간의 의사소통

241 다음 중 좋은 데이터 모델의 요소로 보기에 적절하지 않은 것은?

① 완전성(Completeness)
② 데이터 재사용(Data Reusability)
③ 반정규화(Denormalization)
④ 간결성(Elegance)

242 요구사항은 모든 사람이 이해할 수 있도록 명확하게 공표됨은 물론 최종 사용자 지향적으로 분명하게 파악되는 수준으로 작성되어야 한다는 것은 모델링 기본 원칙 중 무엇에 대한 설명인가?

① 커뮤니케이션 원칙(Communication Principle)
② 모델링 상세화 원칙(Granularity Principle)
③ 논리적 표현 원칙(Logical Representation Principle)
④ 설계 형식화 원칙(Design Formalization Principle)

243 8. 다음의 데이터 모델링 단계에 대한 설명 중 적절하지 않은 것은?

① 개념 데이터 모델링은 분석 초기에 수행되어 본질적으로 기술과 무관한 사양들의 집합을 형상화하여 데이터 요구사항을 정의하고 비즈니스 이해관계자들과 초기 요구사항을 논의하는 데 사용된다.

② 개념 모델로부터 논리 모델로, 다시 물리 모델로 가면서 복잡성이 증가하기 때문에, 가급적 개념 데이터 모델에서부터 출발하여 다른 데이터 요소와 그 상호 관계가 무엇인지를 상위 레벨에서 이해하는 것이 바람직하다.

③ 논리 데이터 모델링이 비즈니스 정보의 논리적인 구조와 규칙을 명확하게 표현하는 기법 또는 과정이라고 한다면, 물리 데이터 모델링은 논리 데이터 모델이 데이터 저장소로서 어떻게 컴퓨터 하드웨어에 표현될 것인가를 다루기 위해 테이블, 칼럼 등으로 표현되는 물리적 저장 구조와 저장 장치 등을 정의하는 것이다.

④ 모두 틀림

244 다음 중 개체–관계 모델의 구성 요소로 적절하지 않은 것은?

① 엔터티
② 속성
③ 서브타입
④ 도메인

245 객체 지향 모델에서 객체가 다른 객체에 연결되는 방법은?

① 캡슐화(Encapsulation)
② 상속(Inheritance)
③ 추상화(Abstraction)
④ 메소드(Methods)

246 개념 데이터 모델의 중요성을 설명하는 말로 가장 부적절한 것은?

① 향후에 정의될 논리 및 물리 데이터 모델에 대한 골격을 제공한다.
② 사용자가 요구하는 데이터의 범위 및 구조 확인을 돕고, 개발 범위 결정을 지원한다.
③ 데이터 아키텍처 상에서 데이터에 대한 최상위 수준의 관점을 정의한다.
④ 선진 사례 적용을 용이하게 한다.

247 다음 중 직렬식 관계의 특징으로 볼 수 없는 것은?

① 관계들을 관리하는 새로운 엔터티가 추가되어야 한다.
② 인덱스 수가 감소하고 SQL이 단순해진다.
③ 관계 내용별로 자식 엔터티를 가질 수 있다.
④ 테이블이 될 때 여러 개의 칼럼으로 나열된다.

248 다음 중 논리 데이터 모델링을 수행하는 과정에서 M:M 관계가 나타났을 때 발견 즉시 두 개의 일대다(1:M) 관계를 갖는 관계 엔터티로 분해하고 진행해야 하는 경우에 해당하는 것은?
① 관계가 자식을 가져야 할 때
② 관계가 명확해질 때
③ M:M 관계에 있는 두 엔터티가 각각 자식을 가질 때
④ 관계가 명확하지 않을 때

249 다음 중 키 엔터티로 볼 수 없는 것은?
① 고객   ② 계좌   ③ 상품   ④ 직종

250 다음 중 엔터티 정의 요건으로 가장 부적절한 것은?
① 관리하고자 하는 것인지 확인한다.
② 가로와 세로를 가진 면적(집합)인지 확인한다.
③ 대상 개체 간의 독립성이 있는지 확인한다.
④ 순수한 개체이거나 개체가 행위를 하는 행위 집한인지를 확인한다.

251 다대다 관계를 해소하는 시점으로 가장 부적합한 것은?
① 다대다 관계가 도출되는 시점에
② 자신만의 속성을 가져야 할 때
③ 자식을 가져야 할 때
④ 자신만의 속성을 갖지 않거나 자식을 갖지 않는 경우는 논리 모델 상세화 단계에서

252 아래 제시된 논리 데이터 모델을 보고 지문 내용에 적합한 형태로 다시 작성하시오.

우리가 관리하는 고객 중에서 모회사가 존재하는 고객의 경우에는 모회사도 관리하고자 한다.

〈바커 표기법 적용 모델〉   〈IE 표기법 적용 모델〉

253~255 다음에 제시한 지문의 내용에 가장 적합한 논리 데이터 모델을 작성하시오.

253 각 학과에서는 개설과목을 강의할 강사를 소속 교원 중에서 배정하는데, 하나의 과목을 강의하는 강사는 한 명 이상일 수 있다.

254 하나의 주문에는 최소 하나 이상의 상품이 포함되고, 하나의 상품은 여러 주문에 포함될 수 있다.

255 각 주문에 대해 청구고객, 배송고객, 주문고객을 관리하는데, 모회사가 존재하는 고객에 대해서는 모회사에 청구를 한다.

256 다음 중 논리 데이터 모델을 물리 데이터 모델로 변환하는 과정에서 서브타입을 테이블로 변환하는 방법으로 보기 어려운 것은?
① 슈퍼타입을 기준으로 하나의 테이블로 변환
② 서브타입을 기준으로 여러 개의 테이블로 변환
③ 슈퍼타입과 서브타입 각각을 테이블로 변환
④ 서브타입을 기준으로 하나의 테이블로 변환

257 다음 중 전체 집합에서 임의의 집합을 추출·가공하는 경우가 빈번하고, 복잡한 처리를 하나의 쿼리로 통합하고자 하는 경우 유리한 서브타입 변환 형태는?
① 슈퍼타입을 기준으로 하나의 테이블로 변환
② 서브타입을 기준으로 여러 개의 테이블로 변환
③ 슈퍼타입과 서브타입 각각을 테이블로 변환
④ 서브타입을 기준으로 하나의 테이블로 변환

258 다음 중 물리 데이터 모델에서 데이터 표준을 적용하는 대상으로 보기 어려운 것은?
① 테이블
② 뷰
③ 칼럼
④ 데이터타입

259 다음 중 반정규화의 방법으로 테이블을 수직분할 할 때 얻을 수 있는 장점으로 보기 어려운 것은?
① 조회와 갱신 처리 중심의 칼럼들을 분할하여 레코드 잠금 현상 최소화
② 특별히 자주 조회되는 칼럼들을 분할하여 I/O 처리 성능 향상
③ 특정 칼럼 크기가 아주 큰 경우의 수직분할은 조인 처리 감소
④ 특정 칼럼에 보안을 적용하기가 용이

260 다음 중 반정규화의 일환으로 중복 칼럼을 생성하는 상황으로 보기 어려운 것은?

① 여러 개의 로우로 구성되는 값을 하나의 로우에 칼럼으로 나열하여 관리

② 부모 테이블에 집계 칼럼을 추가

③ 접근 경로 단축을 위해 부모 테이블의 칼럼을 자식 테이블에 복사

④ 검색 조건으로 자주 사용되는 칼럼을 모아 인덱스로 생성

과목 V

데이터베이스 설계와 이용

과목 소개

데이터베이스 설계, 데이터베이스 이용, 데이터베이스 성능 개선에 필요한 지식과 절차를 상용화된 DBMS 기술에 종속된 내용을 배제하고 범용적인 관계형 데이터베이스 관점에서 설명하고자 한다. 이해를 높이기 위해 일부 상세 내용이 특정 제품에 관련된 내용이 있을 수 있음을 양해 바란다.

본 과목은 데이터베이스 설계, 데이터베이스 이용, 데이터베이스 성능 개선에 필요한 지식과 절차를 테스트한다.

아래는 OLTP 시스템 데이터 모델 일부이다. (281~284번 관련 그림)

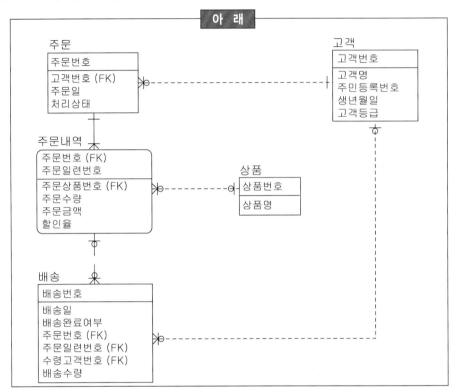

261 다음 중 아래의 상황을 고려할 때 수행 내용으로 <u>부적합한</u> 것은?

> **아 래**
>
> 상품, 고객, 주문, 주문내역, 배송 테이블을 설계하는 중 이다. 상품은 2만개의 상품을 관리
> 중이며 100만 고객을 확보했다. 1일 주문은 만 건 정도이다.

① 고객번호는 고객 테이블 식별자로 Primary Key를 생성 한다.

② 고객 실명 확인을 위해서 주민등록번호를 후보키로 정의되었다. 이에 따라 주민등록번호에
  Unique Index를 생성한다.

③ 배송 테이블의 수령 고객번호는 참조 무결성을 위해서 NOT NULL Constraints를 생성한다.

④ 주문 테이블에는 성능을 고려하여 고객 번호에 인덱스를 생성하고 참조 무결성 조건은 프로
  그램으로 구현한다.

262 위에서 예시한 모델을 이용하여 도메인을 추출하였다. 숫자, 일자, 코드 등의 도메인을 도
출하여 영역 무결성을 설계 할 때, 다음 중 내용이 부적절한 것은?

① '수량', '배송수량' 등은 숫자 타입으로 초기값(Default)을 '0'으로 지정한다.

② 조회 조건으로 많이 사용되는 '주문일', '배송일' 등은 날짜 도메인이므로 반드시 Date 타
  입으로 설계한다.

③ 할인율은 소수점 이하 2자리로 제한한다.

④ '처리상태', '배송완료여부' 등은 상태에 따른 코드를 반드시 정의하여야 하므로 NOT NULL Constraints를 생성한다.

263 주문은 1일 1만건 정도 데이터 발생되고 익일 배송을 원칙으로 업무가 진행될 때, 다음 중 '주문'과 '주문내역'에 대한 참조 무결성을 구현하기 위한 방안에 대한 설명으로 <u>보</u> <u>적절한</u> 것은?

① '주문'이 없는 '주문내역'이 존재할 수 있으므로 응용 프로그램에서 사용자에게 경고 다이 얼로그로 등록여부를 확인하고 주문 내역을 등록한다.

② 삭제 참조 무결성은 '주문'이 삭제되면 '주문내역'도 연쇄적으로 삭제하도록 데이터베이스 기능을 적용한다.

③ '주문내역'의 '주문상품번호'는 NULL 값을 허용한다.

④ '주문'에는 반드시 '고객번호'가 있어야 하므로 주문 등록 시에 '고객'을 생성한다.

264 앞서 예시된 모델을 기반으로 인덱스를 디자인하면서 인덱스 생성후보를 도출할 때, 다음 중 올바르지 <u>않은</u> 것은?

① 상품명, 고객명은 빈번히 조회 조건으로 사용되므로 인덱스를 생성한다.

② 참조 칼럼은 FK(Foreign key) 제약조건을 생성하지 않더라도 조인 대상이 되므로 인덱스를 생성한다.

③ 주문일 + 처리상태는 주문 기간에 따른 상태를 조회하는 경우가 많으므로 후보로 적당하다.

④ 주문.처리상태, 배송.배송완료여부, 고객.고객등급 등은 카디널리티를 고려 했을 때 비트맵 인덱스를 사용하여 조회 속도를 향상시킨다.

265 상용 DBMS에서 제공되는 테이블들은 제품마다 명칭 또는 기능에 따라 다소 차이가 있지만 데이터의 접근 방법이나 저장 형태에 따라 몇 가지로 분류할 수 있다. 다음 중 테이블에 대한 설명으로 <u>틀린</u> 것은?

① 데이터 값의 순서에 관계없이 데이터를 저장하는 테이블을 Heap-Organized Table이라 한다.

② Clustered Index는 일반 테이블의 Clustering Factor를 향상시키기 위해서 B-Tree와는 다른 Tree 구조로 데이터 페이지를 저장한다.

③ Partitioned Table은 큰 테이블을 논리적인 작은 단위로 나눈 것으로, 운용적인 측면에서 대용량I/O성능, 가용성, 확장성 등을 도모할 수 있는 장점을 가진다.

④ External Table은 파일 데이터를 일반 테이블 형태로 이용할 수 있으며, 데이터웨어하우스(DW)의 ETL 작업 등에서 유용하게 사용할 수 있다.

266 칼럼이 서로 참조 관계일 경우에 데이터 타입이나 길이가 다르면 DBMS 내부적으로 변형을 실시한 후에 비교 연산을 수행하기 때문에 의도와 다른 결과를 초래할 수 있다. 다음 중 데이터의 비교 연산에 대한 설명으로 <u>틀린</u> 것은?

① 양쪽 모두 CHAR 타입인 경우 두 칼럼의 길이를 비교하여 길이가 짧은 쪽 칼럼에 공백을 추가하여 길이를 동일하게 한 후 비교 연산을 수행한다.

② 문자열 비교에서 어느 한쪽이 VARCHAR 타입이 있는 경우에는 각각의 문자를 비교하여 서로 다른 값이 나타나면 문자 값이 큰 칼럼이 크다고 판단하고 비교를 종료한다.

③ NUMBER 타입과 CHAR 타입을 비교할 경우에는 CHAR 타입을 NUMBER 타입으로 변환한 후 비교연산을 수행한다.

④ 각 문자타입이 상수값과 비교될 때는 결정되어 있는 칼럼의 데이터 타입과 같도록 변환된 후에 비교 연산을 수행한다.

267 현재 사용하고 있는 일부 테이블이 I/O가 빈번하게 발생을 하고 있어서 I/O 병목을 최소화하기 위한 스토리지 전략을 수립하고자 할 때, 다음 중 논리적 데이터베이스 설계 시에 고려할 사항으로 틀린 것은?

① 테이블과 인덱스는 연속적으로 액세스가 발생하기 때문에 동일한 공간에 배치해야 한다.

② 대용량 테이블은 관리적인 용이성을 위해서 독립적인 테이블스페이스를 지정해야한다.

③ NUMBER 타입과 CHAR 타입을 비교할 경우 NUMBER 타입을 CHAR 타입으로 변환 후 비교를 수행한다.

④ 임시 세그먼트는 분류 작업이 진행되는 동안 데이터베이스 내부에서 객체가 만들어지는 동적 특성을 가지고 있기 때문에 독립적인 공간을 사용하는 것이 좋다.

268 프로그램이 완성되고 데이터가 축적된 후 데이터 클린징을 수행하면 많은 시간과 비용을 지불해야 한다. 이러한 문제점을 미연에 방지하기 위해서 데이터베이스 구축 시에 무결성 방안을 확보하고자 한다. 다음 중 무결성 확보 방안으로 틀린 것은?

① 데이터의 정확성, 일관성, 유효성, 신뢰성 등을 위한 무효 갱신으로부터 데이터를 보호하기 위해 데이터베이스에서 모든 무결성 제약이 정의되어야 한다.

② 무결성 종류에 따라 장·단점이 존재하므로 선택적인 적용이 필요하다.

③ 트리거는 이벤트가 발생할 때 저장된 비즈니스 로직을 통해 복잡한 무결성 조건을 처리하는 데 유리하지만 트랜잭션이 실패할 확률이 높아지는 단점이 있다.

④ 데이터베이스 제약조건 기능을 사용하면 대부분의 기본적인 DB 요건은 쉽게 무결성을 유지할 수 있다.

269 다음 중 클러스터 인덱스에 대한 설명으로 틀린 것은?

① DB2, SQL Server, Sybase ASE 등에서 지원하고 있는 구조로 테이블 행의 물리적인 순서가 인덱스 키 값과 동일하다.

② 데이터 페이지의 Split 발생 가능성이 매우 낮다.

③ 클러스터 인덱스가 만들어질 때 구조적으로 데이터 페이지의 개편이 일어나야 하므로 많은 오버헤드가 발생한다.

④ 일반 테이블 보다 데이터를 더 빠르게 액세스 할 수 있다.

270 다음 중 OLTP 환경에서 주로 사용되는 B-Tree 인덱스의 특징에 대한 설명으로 <u>틀린</u> 것은?

① 인덱스를 생성한 칼럼 순서로 정렬되어 있다.
② 인덱스를 생성한 칼럼을 가공하면 인덱스를 사용할 수 없다.
③ 대용량 데이터의 입력, 수정, 삭제 등에 적합하지 못한 저장 구조이다.
④ 분포도가 나빠지면 수행속도가 저하된다.

271 다음 중 테이블스페이스에 대한 설명으로 <u>부적절한</u> 것은?

① 테이블스페이스는 물리적인 데이터 저장공간이다.
② 데이터와 인덱스를 별도의 테이블스페이스로 정의하고, 정의된 테이블스페이스는 각각의 데이터파일을 지정하여 I/O 분산을 유도한다.
③ 테이블스페이스는 백업단위나 공간확장단위의 물리적인 파일크기를 적정하게 유지하기 위해서 필요하다.
④ LOB 타입 데이터에는 독립적인 테이블스페이스를 할당한다.

272 SQL문은 동일한 결과를 얻기 위해서 여러 가지 형태로 작성될 수 있다. 다음 중 아래 그림과 같은 모델을 위해 작성된 동일한 결과 집합의 SQL문으로 가장 <u>효과적인</u> 것은? (단, TAB1과 TAB2는 각 20건, 50만 건이고, 참조 무결성을 위해 FK Constraints가 생성되어 있으며, TAB2의 Code 칼럼에 대하여 인덱스 전략이 수립되어 있다.)

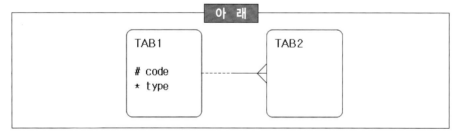

① select x.code, x.type from tab1 x, tab2 y
　　　　where x.code = y.code group by x.code, x.type
② select distinct x.code, x.type from tab1 x, tab2 y
　　　　where x.code = y.code
③ select code, type from tab1 x
　　　　where exists (select 1 from tab2 y where y.code = x.code)
④ select code, type from tab1 x where x.code in (select code from tab2)

273 아래의 SQL 조회 조건을 조사한 결과, 다음 중 인덱스 후보로 가장 <u>적합한</u> 것은?

아 래

- cdate BETWEEN :v1 and :v2 AND dept = :v3
- dept in (:v1,:v2,:v3) and cdate = :v_date
- cdate = :v1 and dept = :v2 and status = 'Y'
- dept = :v1 and status = 'N'

① dept + cdate 인덱스 생성
② cdate + dept 인덱스 생성
③ cdate , dept, status 각각의 칼럼에 인덱스 생성
④ cdate + dept, dept + cdate 인덱스 생성

274 다음 중 인덱스 전략 수립 시에 고려할 사항으로 틀린 것은?

① 단일 칼럼의 분포도가 양호하다면 인덱스 간의 변별력이 생길 수 있도록 단일 칼럼 인덱스를 생성하는 것이 좋다.
② 결합 인덱스는 선행 칼럼이 등호(=)로 비교되지 않으면 인덱스를 사용하지 못하므로 선두 칼럼들은 항상 등호(=) 조건으로만 사용해야 한다.
③ 동일한 조건인 경우에는 분포도가 좋은(변별력이 있는) 칼럼을 선행 칼럼으로 정의한다.
④ 액세스 경로를 단축하기 위해 정렬 등에 사용되는 칼럼을 적절하게 후보 칼럼으로 활용할 수 있다.

275 테이블에 대한 액세스 경로 조사의 결과가 아래와 같을 때, 다음 중 접근경로를 만족할 수 있는 최적화된 인덱스로 <u>적합한</u> 것은?

아 래

NO	ACCESS PATH	Usage	비고
1	발생일자=, 발생부서(like), 마감여부=	20	발생부서→매출발생부서 (18개)
2	발생부서=, 발생일자(between)	多	Loop Query, 일자범위는 주로 1주일 이내
3	발생부서(like), 발생일자(>=), 구매고객번호=	5	주로 최근 1주일
4	구매금액(>=), 발생일자(between)	12	일자범위는 주로 1주일 이내

주요칼럼분포	주요칼럼명	평균	최대	최소	특기사항
	마감여부	11만	12만	150	0(오픈),1(마감),2(재오픈);대부분 1
	발생일자, 발생부서	15	1000	1	
	구매고객번호,발생일자,발생부서	3	10	1	

① 발생일자 + 발생부서 + 구매고객번호

② 발생부서 + 발생일자 + 구매고객번호

③ 구매고객번호 + 발생일자

④ 구매고객번호 + 발생부서

276 인덱스 매칭도란 인덱스에서 처리범위를 결정하는데 참여한 술어의 수를 의미한다. 다음 중 아래 표에서 제시한 SQL의 전체 매칭도 합으로 올바른 것은? (단 IDX = COL1 + COL2 + COL3)

아 래

SQL	Matching	비고
where col1 = 10 and col2 = 5 and col3 = 6		Matching Index
where col1 = 10 and col2 = 5 and col3 〉 6		Matching Index
where col1 = 10 and col2 〉 5 and col3 〉 6		Matching Index
where col1 〈 10		Matching Index
where col2 = 5 and col3 = 6		Non Matching Cluster Index Scan
where col4 〈 10		Non Matching Cluster Index Scan
where col1 = 10 or col1 = 20		Matching Index
where col1 in (10,20) and col2 = 5		Matching Index

① 10

② 12

③ 13

④ 15

277 지역별로 데이터베이스를 구축하고자 한다. 각 지역에서 취급하는 상품은 중복되지 않고 동일한 속성을 가질 때, 다음 중 분산 설계에 대한 설명으로 부적합한 것은?

① 상품 테이블의 모든 데이터를 대상으로 분할하여야 한다.

② 분할된 상품은 전체 집합으로 재구성될 수 있어야 한다.

③ 수평 분할하여 분산된 테이블을 통합하여도 식별자가 중복되지 않아야 한다.

④ 수직 분할하여 위치 투명성을 제공하여야 한다.

278 단위 부서에서 사용하기 위한 소규모 데이터베이스를 구축하고 있다. H/W는 Unix 기종이며 SCSI II 내장 Disk로 구성되어 있는데 현재 시스템이 확산 중에 있으므로 Disk 구성변경이 예상되어 저장 공간 설계 내용을 검토할 때, 다음 중 바르게 설명하고 있는 것은?

① 소규모 시스템이지만 데이터 특성과 업무활용 특성을 고려하여 복수 개의 테이블스페이스로 설계하였다.

② DISK I/O 분산을 위해서 동일한 업무의 테이블과 인덱스를 하나의 테이블스페이스로 설계하였다.

③ 저장용량 설계는 용량분석, 디스크 용량산정, 테이블스페이스 용량산정, 오브젝트별 용량산정 순으로 진행하였다.

④ 소규모 시스템인 점을 고려하여 백업 및 복구 작업의 편의성을 위해서 단일 Raw Device로 구성하였다.

279 지역적으로 분산된 업무와 논리적으로 분리가 필요한 업무에 대해서 데이터베이스 구성과 시스템 구성을 설계 중일 때, 다음 중 분산 설계 방식으로 <u>부적합한</u> 것은?

① 테이블 위치 분산은 전역적으로 테이블이 유일하게 존재한다.
② 테이블 분할은 수직분할, 수평분할 방법이 있다.
③ 분산 설계는 복제에 의한 데이터 중복을 허용하지 않는다.
④ 데이터 분산은 기술적인 요소를 반영하여 설계 되어야 한다.

280 24시간 운영되는 인터넷 쇼핑몰의 데이터베이스 저장 객체들을 설계 중이다. 인터넷 쇼핑몰의 특성을 고려할 때, 다음 중 테이블 설계가 <u>틀린</u> 것은?

① 90% 이상의 테이블을 Heap-organized Table로 설계했다.
② 게시판은 동시에 많은 사람들이 조회하므로 식별자 칼럼과 CLOB 타입의 게시글 칼럼 이외에 4개의 칼럼으로 구성되었다. 해당 테이블의 빠른 응답속도를 보장하기 위해서 Index-organized Table로 설계했다.
③ 주문이 하루 10만건 이상 발생했을 때, 데이터 보관주기를 1년으로 정했다. 1년이 경과하면 데이터가 삭제되는 특성이 있어서 Partition Table로 설계했다.
④ 주기적으로 신용 및 결제정보를 카드사, 금융기관 등에서 SAM파일을 통해 제공받고 있다. 이를 데이터베이스에 로드(Load)하기 위해 External Table로 설계했다.

281 사용자의 다양한 보안 정책을 적용하기 위해서 보안 요구 사항을 수집하였다. 수집된 요구 사항을 근거로 보안 설계가 진행 중일 때, 다음 중 보안 설계에 관련된 내용으로 <u>부적절한</u> 것은?

① 패스워드는 데이터 및 프로그램 접근 권한을 확인하기 위해 요구한다.
② 접근 통제는 신분, 역할, 위치, 시간, 서비스 제한 등의 요건을 이용하여 설계한다.
③ 데이터 접근 통제 모델은 주제, 객체, 규칙 간의 상관관계를 정의하는 것이 기본 모델이다.
④ 데이터베이스 보안은 인가된 사용자를 대상으로 불법적인 노출, 변조, 파괴를 방지하는 것이다.

282 다음 중 아래의 상황을 고려한 분산 설계 방식의 설명으로 <u>틀린</u> 것은?

> **아 래**
>
> 자신의 데이터를 지역적으로 제어하여 원격 데이터에 대한 의존도를 감소시키며, 단일 서버에서 불가능한 처리를 기존 시스템에 서버를 추가하여 점진적으로 증가시킬 수 있는 구조로 분산 데이터베이스 환경을 구축하고자 한다.

① 수직 분할은 식별자가 중복되지 않아야 한다.
② 각 서버에서 필요한 데이터나 구조가 다를 경우에는 완전성, 재구성, 상호중첩내재 등의 분할 규칙을 적용하여 분할해야 한다.

③ 분할된 것은 관계 연산자를 사용하여 원래의 전역 실체로 재구성이 가능해야 한다.

④ 테이블이 전역적으로 중복되지 않을 경우에는 테이블 구조의 변경 없이 서버별로 분산시킨다.

283 다음 중 보안을 강화하기 위한 접근 통제 방법이나 기법에 대한 설명으로 틀린 것은?

① 티미날 혹은 네트워크 주소 등 확인이 가능한 접근 위치나 경로만 접근을 허용한다.

② 뷰를 사용하여 데이터 접근을 이중화 한다.

③ 일과 시간, 마감시간 등 특정 시간에 대하여 접근을 허용한다.

④ 강제 통제 접근 제어 기법을 사용하여 수정 및 등록 시에 사용자 등급이 기록하고자 하는 데이터 객체의 등급보다 높은 경우에만 접근을 허용한다.

284 다음 중 데이터베이스 서버의 시작과 종료에 관한 설명으로 틀린 것은?

① 데이터베이스를 사용하기 위해서는 권한을 가진 데이터베이스 관리자가 DBMS 인스턴스를 시작해야 한다.

② 인스턴스 시작은 매개변수 파일을 읽어 초기화 매개변수 값을 결정하고, 데이터베이스 정보를 위해서 사용되는 메모리 공유 영역을 할당한 뒤 자동 복구 작업, 미확정 분산 트랜잭션 해결 작업을 수행한다.

③ 데이터베이스가 마운트(Mount)되더라도 데이터베이스는 여전히 닫힌 상태이며 데이터베이스 관리자만이 액세스 할 수 있다.

④ 데이터베이스 서버 종료는 데이터베이스 닫기, 마운트 해제, 인스턴스 종료 순으로 진행된다.

285 다음 중 데이터베이스 버퍼 액세스에 관련된 설명으로 <u>부적합한</u> 것은?

① 가장 먼저 사용자 프로세스에서 요구한 데이터가 데이터베이스 버퍼에 있나 검색한다.

② 요청한 데이터가 데이터베이스 버퍼에 없다면 데이터 파일에서 해당 데이터를 읽어 메모리에 보관한다.

③ 사용자 프로세스가 전체 테이블을 스캔한 경우에는 테이블 블록을 버퍼로 읽어 들여 LRU 목록의 MRU 끝에 놓고 장시간 보관한다.

④ 데이터베이스 버퍼 크기는 데이터 요구에 대한 적중률에 영향을 준다.

286 회계시스템을 재구축 중에 데이터 품질 향상과 데이터 무결성을 강화하기 위해서 실시된 표준화 산출물을 근거로 데이터베이스 설계가 진행되고 있다. 다음 중 설계에 적용하기 <u>부적절한</u> 것은?

① 모든 원화(\)를 나타내는 칼럼은 NUMBER 타입으로 정의하고, 소액과 거액을 구분하여 각각 13자리, 18자리로 정의한다.

② 원화는 수치 계산의 오류를 방지하기 위해서 Default 값을 '0'으로 한다.

③ 명칭 도메인은 상품명, 코드명, 고객명, 조직명, 한/영문 등에 관계없이 가변길이문자 타입을 정의하고 데이터의 최대길이보다 큰 50자로 단일화했다.

④ 날짜 칼럼은 날짜 데이터 타입을 사용한다.

287 다음 중 데이터 확장 영역(Extents)에 대한 설명으로 <u>부적절한</u> 것은?

① 특정 유형의 정보를 저장하기 위해 할당된 몇 개의 연속적인 데이터 블록이다.
② 행수가 '0'인 테이블은 저장 공간 절약을 위해서 Extents가 없다.
③ 단편화된 Extents는 연속된 데이터 블록을 확보할 수 없는 원인이다.
④ 저장공간의 단편화 방지를 위해서 초기 · 증가 Extents 사이즈를 설계한다.

288 업무 시스템을 운영하면서 성능 및 저장공간의 효율성을 위해서 인덱스 재생성 작업을 고려 중에 관련된 대상을 목록화하고 검토하고자 한다. 다음 중 가장 우선순위가 <u>높은</u> 작업 대상은?

① PK 생성으로 작성된 Unique Key
② 고객 이력 테이블의 '고객번호 + 발생일 + 고객상태코드'로 구성된 인덱스
③ 빈번한 문자 검색을 위해서 '대리점명', '고객명', '조직명' 등에 생성한 인덱스
④ 빈번한 수정이 발생하는 '미납금액' 칼럼을 포함한 '고객번호 + 청구일자 + 미납금액'으로 구성된 인덱스

289 다음 중 테이블 설계과정에서 Nullable 칼럼에 대한 고려사항으로 <u>부적합한</u> 것은?

① NULL에 어떤 정수를 더하면 결과는 그 정수가 된다.
② 미확정 값을 표현할 때 NULL 값을 이용한다.
③ 입력 조건 값으로 자주 이용되는 칼럼은 테이블 정의 시에 NOT NULL Constraints를 적용한다.
④ NULL이 허용되는 칼럼은 테이블에서 칼럼 순서를 뒤편으로 지정한다.

290 인덱스 설계를 위한 액세스 경로가 아래와 같이 수집되었다. 수집된 사항을 바탕으로 인덱스 후보를 도출하고 최종적으로 인덱스를 생성하고자 한다. 다음 중 가장 타당성이 높은 인덱스 후보는?

```
┌──────────────────  아 래  ──────────────────┐
│ [액세스 경로]                                          │
│  - col1 = :v0 and col2 between v1 and v2    ─〉 30건에서 50건   │
│  - col3 = :v1 and col2 = :v2                ─〉 1건에서 20건    │
│  - col1 = :v1                               ─〉 10만에서 350만건 │
│ [테이블 데이터]                                        │
│  400만건                                              │
│ [Distinct 수]                                         │
│  col1 (3개), col2 (50만개), col3 (10만개)              │
└──────────────────────────────────────────┘
```

① col1 + col2, col3 2개 인덱스
② col2 + col3 + col1 1개 인덱스
③ col3 + col2 1개 인덱스
④ col1, col2 + col3 2개 인덱스

291 인덱스 디자인이 완료된 후, 일괄적으로 인덱스가 생성되었다. 오픈 테스트 과정 중에 일부 테이블과 관련된 프로그램, 특정 개발자 그룹 등이 작성한 프로그램이 속도저하 현상이 발생했다. 원인은 인덱스가 SQL의 정상적인 액세스 경로를 제공하지 못하고 있었다. 다음 " 인덱스를 사용할 수 있는 경우로 <u>적합한</u> 것은?

인덱스 : DNAME + JOB + MGR

① SELECT * FROM dept WHERE SUBSTR(dname,1,3) = 'ABD'
② SELECT * FROM dept WHERE dname IS NOT NULL
③ SELECT * FROM dept WHERE dname ◇ 'abd'
④ SELECT * FROM dept WHERE dname like 'abd%'

292 다음 중 실체 무결성과 식별자에 대한 내용으로 <u>부적절한</u> 것은?

① 실체 무결성을 보장하기 위해서 Primary Key Constraints와 Unique Key Constraints를 구현한다.
② 일부 DBMS에서 PK Constraints를 정의하면 해당 테이블은 Clustered Index Table로 변경되어 데이터가 키 값 순으로 재배열된다.
③ Primary Key Constraints와 Unique Key Constraints는 동일한 제약 조건으로 만족하는 요건도 동일하지만 데이터 모델상의 식별자이거나 후보식별자에 따라서 결정된다.
④ 실체 무결성은 일대다(1:M) 관계에서 1쪽의 유일성을 보장하여 데이터 식별을 가능하게 한다.

293 다음 중 비트맵 인덱스에 대한 설명으로 <u>틀린</u> 것은?

① 분포도가 나쁜 칼럼에 유효하다.
② B-tree 인덱스에 비해 저장공간과 I/O를 획기적으로 줄였다.
③ 인덱스를 유지하는데 비교적 적은 비용이 소요되기 때문에 OLTP 환경에서 주로 사용한다.
④ NULL, NOT NULL 등에 대한 연산을 수행할 수 있다.

294 DBMS마다 데이터 사전(Data Dictionary)의 정보 양은 다소 차이가 있지만 데이터베이스의 형상을 관리하는데 중요한 정보를 제공한다는 공통점을 가지고 있다. 다음 중 데이터 사전에서 제공되는 것이 <u>아닌</u> 것은?

① 데이터베이스의 모든 스키마 객체 정보 ② 무결성 제약 조건에 대한 정보
③ 열에 대한 기본 값 ④ 데이터베이스 이름

295 절차적 프로그램으로 SQL을 통해서 구현하기 위해 DUMMY 테이블 이용해서 카테시언 곱이 되는 아래의 SQL문을 작성했다. 아래 SQL 문의 결과로 출력되는 행의 개수로 <u>적합한</u> 것은? (참고:테이블 DUMMY - 1개 행이 등록된 테이블임)

```
                            아 래
SELECT *
FROM (SELECT 1 FROM DUMMY
        UNION ALL
        SELECT 2 FROM DUMMY
        UNION ALL
        SELECT 3 FROM DUMMY),
        (SELECT 4 FROM DUMMY
        UNION ALL
        SELECT 5 FROM DUMMY)
```

① 2 개   ② 3 개
③ 6 개   ④ 12 개

296 관계형 데이터베이스시스템에서는 데이터 접근 제어를 위해 임의 접근 제어방식과 강제 접근 제어방식, 역할-기반 접근 제어방식 등을 사용하고 있다. 다음 중 데이터 접근 제어 방식에 대한 설명으로 틀린 것은?

① 임의적 접근 통제는 사용자의 신원에 근거를 두고 권한을 부여하고 취소하는 매커니즘을 기반으로 하고 있다.
② 임의적 접근 통제에서 사용자는 개인적인 판단에 따라 권한을 이전한다.
③ 임의적 접근 통제에서 권한의 전파에 대한 제한을 명시할 수 있다.
④ 임의적 접근 통제에서 읽기는 사용자의 등급이 접근하는 데이터 객체의 등급과 같거나 높은 경우에만 허용된다.

297 다음 중 트리거 사용 목적으로 부적당한 것은?

① 합계, 잔액, 재고량 등의 유도 칼럼 값 생성
② 복잡한 보안 권한의 강제 수행
③ 이벤트 로깅 작업이나 감사 작업
④ 실체 무결성을 위한 검증 수단

298 데이터베이스의 기본 목적은 관련 정보를 저장하고 탐색하는데 있다. 이러한 데이터베이스의 목적을 효율적으로 지원하기 위해서 대부분의 데이터베이스 관리시스템에서는 데이터의 저장구조를 논리적인 구조와 물리적인 구조로 나누어서 관리하고 있다. 다음 중 논리적 데이터베이스 영역 할당에 대한 설명으로 틀린 것은?

① 테이블스페이스는 데이터베이스를 논리적으로 분할한 것으로, 물리적 저장 구조인 여러 개의 데이터 파일을 가진다.
② 세그먼트는 특정 논리적 저장영역 구조를 위하여 할당된 데이터 확장 영역의 집합으로써 테이블을 위한 테이블 세그먼트와 인덱스를 위한 인덱스 세그먼트 등이 있다.

③ 확장 영역은 특정 유형의 정보를 저장하기 위하여 할당된 연속된 데이터 블록으로, 예약된 데이터 블록을 모두 사용하면 자동으로 할당되며 데이터가 삭제되면 자동으로 반환된다.

④ 데이터 블록은 데이터베이스에서 데이터를 저장하는 가장 작은 단위로써 하나의 데이터 블록은 디스크에 위치하는 물리적 데이터베이스 영역의 특정 바이트 수에 해당한다.

299 다음 중 트랜잭션에 대한 설명으로 틀린 것은?

① 트랜잭션은 하나의 논리적 작업 단위를 구성하는 하나 이상의 SQL 문으로 구성된다.

② 병행제어의 목적은 갱신분실 문제, 모순적인 판독 문제들을 방지하기 위함이다.

③ 트랜잭션은 원자성, 일관성, 고립성, 영속성 등의 특징을 가지고 있다.

④ 비관적 병행 제어 알고리즘은 다수 사용자가 동시에 같은 데이터에 접근할 경우가 적다고 보고 구현한 알고리즘이다.

300 현재 대부분의 상용 DBMS 구현에서 사용되는 일반적인 아키텍처는 1978년에 제안된 ANSI/SPARC 아키텍처이다. 다음 중 ANSI/SPARC 아키텍처의 3 Schema와 관련한 설명으로 틀린 것은?

① 외부단계(External Level) : 각각의 데이터베이스 사용자 관점 또는 사용자 뷰를 표현하는 단계

② 개념단계(Conceptual Level) : 데이터베이스에 저장되는 데이터와 그들간의 관계를 표현하는 단계

③ 논리단계(Logical Level) : 데이터베이스에 저장된 데이터를 모델화하여 논리적으로 관계를 표현하는 단계

④ 내부단계(Internal Level) : 물리적인 저장장치에서 데이터가 실제적으로 저장되는 방법을 표현하는 단계

301 인터넷 쇼핑몰 시스템을 개발하고 부하 시스템까지 성공적으로 완료되었다. 하지만 쇼핑몰 오픈일에 프로모션을 실시하여 많은 접속자가 방문을 했으나 주문 처리 프로그램의 지연으로 문제가 발생하여 주문 식별자를 일련번호로 재설계하고자 한다. 다음 중 채번에 관련된 설계 내용으로 부적절한 것은?

① 오브젝트나 데이터 타입을 이용하여 자동으로 발생하는 데이터베이스 기능을 이용하면 잠김 현상에 의한 지연을 최소화 할 수 있다.

② 데이터의 일관성을 위해서 채번 테이블을 사용하고 채번 시에 테이블 잠김(Locking)을 이용한다.

③ 잠김 지속 시간을 단축하는 방법으로 장기 트랜잭션(Long Transaction)을 최소화 한다.

④ 채번 테이블은 최적화된 액세스를 위해서 인덱스전략이 필요하다.

302 데이터베이스에서 사용하는 명령어는 DBMS마다 다소 차이는 있지만 DDL, DML, CONTROL 문 등 으로 분류할 수 있다. 다음 중 이들 명령어에 대한 설명으로 틀린 것은?

① DDL은 스키마 오브젝트의 생성, 구조변경, 삭제, 명칭변경 등을 위해서 사용하는 명령어로 CREATE, ALTER, DROP, RENAME 등이 있다.

② DML은 데이터베이스에 있는 데이터를 조작할 수 있게 해주는 명령어로 SELECT, UPDATE, INSERT, DELETE, TRUNCATE 등이 있다.

③ DML 문장은 커서 생성-> 명령어 구문 분석-> 질의 결과 설명-> 질의 결과 출력 정의-> 변수 바인드-> 명령문 병렬화-> 명령문 실행-> 로우 인출-> 커서 닫기 등의 단계로 수행된다.

④ 트랜잭션 제어문은 1개 이상의 SQL 문장을 논리적으로 하나의 처리 단위로 적용하기 위해서 사용하는 명령어다.

303 다음 중 데이터베이스 백업 방법에 대한 설명으로 <u>부적절한</u> 것은?

① 정기적인 Full Back-up을 실시한다.

② 백업은 중요하므로 비정기적으로 가용한 시간이 생길 때 마다 실시한다.

③ 로그 파일 백업이 없는 경우는 완전 복구가 불가능하다.

④ 읽기 전용 데이터는 온라인 백업할 필요가 없다.

304 데이터베이스의 보안을 강화하기 위해서 보안 설계를 진행 중이다. 프로그램 사용제한, 접근통제, 데이터베이스 권한 제한 등 다양한 경로로 보안을 강화하였을 때, 다음 중 보안 강화에 대한 설명으로 틀린 것은?

① 뷰를 통해 등급별로 조회할 수 있는 정보를 분리하여 제공하였다.

② 강제통제를 위해서 데이터에서 분류 등급을 지정하고, 사용자에게 인가 등급을 부여하여 이를 기준으로 시스템을 구현하였다.

③ 사용자 활동에 대한 일련의 기록을 확보하기 위해서 모든 처리에 대해 로그 정보를 저장하였다.

④ 강제통제를 구현하기 위해서 SQL2 표준을 이용하였다.

305 다음 중 데이터베이스 복구 메커니즘에 대한 설명으로 <u>적절한</u> 것은?

① 트랜잭션 실행 내용이 데이터베이스 버퍼에 비동기적으로 기록될 때 복구 작업에 NO-UNDO · REDO 작업을 실시한다.

② 논리 백업에 의한 복구는 UNDO · REDO의 논리적 수행이다.

③ 복구 작업은 데이터베이스 오픈 상태에서 가능하다.

④ 로그 파일 내용에는 트랜잭션 식별자를 포함한 데이터베이스 스키마 정보가 있다.

306 읽기 일관성을 유지하기 위해서 Locking을 사용하지만 지나치게 Locking을 강화하면 작업의 동시성은 떨어지게 된다. 다음 중 Locking을 통해 읽기 일관성이 보장되지 않을 경우에 발생할 수 있는 문제점에 대한 설명으로 틀린 것은?

① 문장 수준의 읽기 일관성이 보장되지 않을 경우, 트랜잭션 A(잔액=잔액+1,000원)와 트랜잭션 B(잔액=잔액+2,000원)가 동시에 잔액을 읽어 들인 후 수행하게 되면 잔액이 11,000원 혹은 12,000원이 되는데 이를 Lost Update라고 한다.

② 아직 커밋되지 않고 수정 중인 데이터에 대해 '읽기'를 허용할 경우, 어떤 원인에 의해 수정 사항이 롤백된다면 '데이터 읽기' 트랜잭션은 잘못된 수행 결과를 초래하게 되는데, 이러한 현상을 Dirty Read라 한다.

③ DBMS가 단일문장에 대한 읽기 일관성은 보장하지만, 트랜잭션 내에서 한 개 이상의 문장이 반복 수행될 때 읽기 일관성을 보장하지 않는다면, 한 트랜잭션 내에서 같은 행을 두 번이상 읽는 사이에 다른 트랜잭션이 그 행을 변경할 경우에는 일관성이 깨어지게 되는데 이러한 현상을 Non-Repeatable Read라고 한다.

④ 한 트랜잭션 안에서 일정 범위의 레코드들을 두 번 이상 읽을 때, 이전 쿼리에 없던 레코드가 튀어나오는 경우가 있는데 이러한 현상을 Phantom Read라고 한다. 이것은 SELECT 작업을 할 때 설정한 공유 잠김을 트랜잭션 종료시까지 유지하면 해결할 수 있다.

307 다음 중 조인에 대한 설명으로 <u>바른</u> 것은?

① Nested-loop 조인에서 드라이빙 테이블의 처리 범위는 수행 속도에 영향을 미치지 않는다.
② Sort-merge 조인은 조인 조건을 가공하면 수행 속도가 저하된다.
③ Nested-loop 조인은 Inner Table의 조인 조건에 인덱스가 존재하여야 비효율이 발생하지 않는다.
④ Nested-loop 조인에서 조인의 순서는 수행속도와 무관하다.

308 다음 중 아래의 플랜(Plan)을 보고 분석한 내용으로 <u>부적절한</u> 것은?

```
┌─────────────────── 아 래 ───────────────────┐
│                                               
│ SELECT *                                      
│       FROM TAB010 A, TAB016 B                 
│ WHERE A.PRCS_D BETWEEN :S004 AND :S005        
│       AND A.PNT_CLAS_CD = :S006               
│       AND A.CUST_N = B.CUST_N                 
│                                               
│                                               
│ AK_TAB016_1 = CUST_N                          
│                                               
│ Rows    Execution Plan                        
│                                               
│ ─────   ──────────────────────────────       
│    0   SELECT STATEMENT   GOAL: CHOOSE        
│   12    HASH JOIN                             
│   12     TABLE ACCESS   GOAL: ANALYZED (BY INDEX ROWID) OF 'TAB010'
│   13      INDEX   GOAL: ANALYZED (RANGE SCAN) OF 'AK_TAB010_1' (NON-UNIQUE)
│ 770681   TABLE ACCESS   GOAL: ANALYZED (FULL) OF 'TAB016'
└───────────────────────────────────────────────┘
```

① 인덱스를 액세스 한 후에 한건이 줄어든 것은 AK_TAB010_1 인덱스의 구성이 PRCS_D + PNT_CLAS_CD 순으로 되어있다는 것을 의미한다.

② Hash 조인으로 수행되었기 때문에 B 테이블에 CUST_N 으로 생성된 인덱스가 있음에도 불구하고 사용하지 못하였다.

③ 조인의 결과가 A 테이블의 추출 건수와 동일한 것으로 보아 B 테이블은 상위 집합일 가능성이 매우 높다.

④ 개선 방안은 Nested-loop 조인으로 수행될 수 있도록 힌트를 이용하여 액세스 패스를 고정하여야 한다.

309 다음 중 Nested-loop 조인에 대한 설명으로 <u>부적합한</u> 것은?

① Outer 테이블 처리 범위에 따라서 Inner 테이블 처리 범위가 결정된다.

② 처리하는 데이터 양이 많을 경우에는 과도한 Random IO 액세스가 발생한다.

③ 조인 칼럼의 인덱스 유무가 조인의 순서와 성능에 영향을 미친다.

④ 결과를 하나씩 받아서 순차적으로 조인하는 형태이므로 부분 범위 처리가 불가능하다.

310 시스템 오픈을 앞두고 온라인 프로그램의 튜닝 계획을 작성했다. 4단계에 걸쳐 작업을 진행하는 계획은 아래와 같을 때, 다음 중 온라인 튜닝에 대한 설명으로 틀린 것은?

아 래

1단계 : Access Path를 조사하여 인덱스 디자인 실시
2단계 : 실행계획을 이용한 SQL 튜닝
3단계 : Trace를 이용한 SQL 튜닝
4단계 : 통합테스트를 통한 성능검증 및 튜닝

---

① 온라인 프로그램은 응답속도 단축을 목표로 하는 것이 일반적이다.

② 온라인 프로그램은 효과적인 인덱스 디자인 없이 성능향상은 불가능하다.

③ 잠재된 문제 SQL을 튜닝하기 위해서 Trace 분석에 의한 접근방법이 효과적이다.

④ 실행 횟수가 많은 프로그램보다는 절대 응답시간이 긴 프로그램을 중심으로 접근하는 것이 효과적이다.

311 오라클 데이터베이스 사용하는 환경에서 특수한 목적을 위해서 항상 결과 행이 존재하거나 항상 결과 값이 없는 SQL문을 작성 중이다. 다음 중 SQL 수행 결과를 바르게 설명한 것은? (NVL은 Column 값이 NULL인 경우 다른 값을 치환하는 함수)

① SELECT col1, col2 FROM tab1 WHERE 1 = 2;
   논리적인 오류로 실행 시에 SQL-ERROR가 발생한다.

② SELECT NVL(col1, 'X') FROM tab1 WHERE 1 = 2;
   정상적으로 'X'를 RETURN 한다.

③ SELECT NVL(MIN(col1), 'X') FROM tab1 WHERE 1 = 2;
   Col1이 NULL인 경우는 'X'가 RETURN 된다.

④ SELECT col1, col2 FROM tab1 WHERE 1=2;
   NULL 값으로 1개 행이 RETURN 된다.

312 조인은 두 집합 간의 곱으로 데이터를 연결하는 가장 대표적인 데이터 연결 방법이다. 다음 중 조인에 대한 설명으로 틀린 것은?

① Nested-loop 조인의 비효율은 랜덤 액세스로 비교적 적은 규모의 데이터 조인에 유리하기 때문에 OLTP 환경에서 비교적 많이 사용된다.

② Sort-merge 조인의 성능은 조인 속성의 인덱스 유무와 무관하며, 정렬 작업이 메모리에서 만 수행되기 때문에 대용량 데이터의 조인에 적합하다.

③ Hash 조인은 아주 큰 테이블과 아주 작은 테이블의 조인에 적합하며 Hash Area Size에 따라 성능의 편차가 심하다.

④ Star 조인은 DW 환경에서 큰 팩터 테이블과 아주 작은 디멘젼 테이블이 조인 할 때 유리하다.

313 다음 중 아래의 SQL문과 실행 계획을 보고 실행 순서를 <u>바르게</u> 나열한 것은?

아 래

[SQL문] 오라클 환경
```
     SELECT nation, SUM(chultime)
       FROM chulgot x, customer y
      WHERE x.custno = y.custno
        AND x.chuldate = '941003'
      GROUP BY nation
```

[PLAN]
```
1 SORT GROUP BY
2    NESTED LOOPS
3       TABLE ACCESS BY ROWID chulgot
4          INDEX RANGE SCAN ch_chuldate
5       TABLE ACCESS BY ROWID customer
6          INDEX UNIQUE SCAN pk_custno
```

① 1-2-3-4-5-6
② 3-4-5-6-2-1
③ 4-3-6-5-2-1
④ 6-5-4-3-2-1

314 아래는 성능 개선 작업을 진행 중에 문제가 된 SQL의 통계 정보이다. 다음 중 분석한 내용으로 <u>부적절</u>한 것은?

> **아 래**

call	count	cpu	elapsed	disk	query	current	rows
Parse	1	0.04	0.08	0	3	0	0
Execute	100	0.09	0.09	0	0	0	0
Fetch	100	6.54	6.71	12	12510	567	100
total	201	6.67	6.88	12	12513	567	100

① Fetch Count와 Rows의 수가 동일한 것을 보아 다중 처리(ARRAY PROCESSING)로 SQL을 수행하지 않았다.
② Execute Count가 Parse Count의 배수인 것으로 보아 Loop 내에서 반복 수행되었다.
③ SQL이 한번 수행할 때 마다 0.07초 정도 소요되었다.
④ 애플리케이션이 여러 번 수행되었지만 실제로 SQL을 파싱하지 않고 Shared SQL Area에서 찾아 왔다.

315 아래의 SQL 문에 대한 설명으로 <u>틀린</u> 것은?

> **아 래**

```
SELECT col1, col2, col3, col4
FROM    tab1
WHERE   col1 = :v1
AND     col2 LIKE :v2||'%'
AND     col3 IN ('1','5')
AND     col4 BETWEEN :v3 AND :v4

INDEX1 : col1 + col2 + col3
```

① col4 조건은 테이블 액세스 후 만족 여부가 결정된다.
② col1, col2, col3 조건들이 드라이빙 조건으로 사용된다.
③ 인덱스 구성을 col1 + col2 + col3 + col4 형태로 변경하면 index only scan이 가능하다.
④ IN 조건 때문에 실행계획이 분리되면 오히려 액세스 범위가 증가한다.

316 아래는 SQL을 규칙기반 옵티마이져 환경에서 수행할 때와 비용기반 옵티마이져 환경에서 수행할 때를 예측하여 분석해 본 것이다. 다음 중 아래의 내용에 대한 분석이 <u>부적절</u>한 것은?

```
        IDX1 = ENAME,  IDX2 = EMPNO

        SELECT *
          FROM  EMP
        WHERE  ENAME  LIKE 'AB%'
           AND  EMPNO  =  '1234'
```

① 규칙기반 옵티마이저 환경에서 수행된다면 랭킹의 차이 때문에 IDX2 인덱스만을 사용한다.
② 비용기반 옵티마이저 환경이고 분포도가 좋다면 IDX1 인덱스를 사용할 수도 있다.
③ 비용기반 옵티마이저 환경이고 두 인덱스의 분포도가 모두 좋다면 Index Merge를 수행될 수도 있다.
④ 비용기반 옵티마이저 환경에서 두 술어 조건의 분포도가 모두 나쁘다면 인덱스를 사용하지 않을 수도 있다.

317 다수의 개발자가 개발한 시스템은 동일한 결과 일지라도 개발자에 따라 작성된 SQL문이 다양하다. 테이블의 데이터가 아래와 같을 때. 다음 중 <u>다른 결과</u>가 나오는 SQL문은?

sale_date	item_code	sale_amt
20040301	A001	150
20040301	B001	250
20040303	A003	100
20040303	B001	250

① SELECT DISTINCT item_code FROM tab1
② SELECT item_code FROM tab1 GROUP BY item_code
③ SELECT item_code FROM tab1
　　WHERE item_code IN (SELECT item_code FROM tab1)
④ SELECT item_code FROM (SELECT distinct item_code, sale_amt FROM tab1)

318 배치 프로그램의 처리시간을 단축하기 위해서는 H/W 자원을 최대한 이용하는 것뿐만 아니라 대용량 데이터 처리에 적절한 데이터베이스 기능을 활용해야 한다. 그 외에도 동시 수행되는 타 프로그램의 상황을 고려해야 한다. 다음 중 배치 프로그램의 처리시간을 단축하기 위한 고려사항으로 <u>부적절한</u> 것은?

① 배치 프로그램은 대용량의 데이터를 처리하므로 절대 DISK I/O 시간을 고려해야 한다. 이를 해결하기 위해서는 병렬처리, 테이블 파티셔닝, 멀티 블락 I/O 등을 고려해야 한다.

② 대용량 데이터의 집계나 정렬 작업은 최소화하고 필요하다면 가용한 메모리를 확보하여 Disk Swapping이 발생하지 않도록 한다.

③ 랜덤 I/O를 최소화하기 위해서는 Nested-loop 조인보다는 Hash 조인이 효과적이며 Hash 조인은 Build in Table이 사이즈가 큰 테이블이 되도록 한다.

④ 자원의 병목이 없고 처리시간을 단축할 수 있게 작업계획을 작성하고 시스템이 안정화 될 때까지는 모니터하여 이상 현상을 방지한다.

319 아래의 DDL 문장으로 인덱스 생성하였다. 다음 중 인덱스 디자인을 위해서 조사한 SQL문에서 인덱스 사용이 <u>가능한</u> 것은?

아 래

```
CREATE TABLE tab1 (
    col1 VARCHAR2(10),
    col2 NUMBER,
    col3 VARCHAR2(10));
ALTER TABLE tab1 ADD CONSTRAINT pk_tab1 PRIMARY KEY (col1);
CREATE INDEX tab1_idx1 ON tab1 (col3, col2);
```

① SELECT * FROM tab1 WHERE col1 NOT IN ('ABC', 'XYZ')
② SELECT * FROM tab1 WHERE col2 = 30
③ SELECT * FROM tab1 WHERE col3 LIKE 'A%' AND col2 = 50
④ SELECT * FROM tab1 WHERE col3 ◇ '10' AND col2 = 100

320 SQL 트레이스는 데이터베이스 인스턴스 또는 세션 단계의 모든 수행 SQL에 대한 통계치 및 대기 이벤트 정보를 수집하는 기능을 제공한다. 다음 중 TKPROF를 수행하여 집계된 OVERALL TOTALS를 분석한 내용으로 <u>틀린</u> 것은?

아 래

OVERALL TOTALS FOR ALL NON-RECURSIVE STATEMENTS

call	count	cpu	elapsed	disk	query	current	rows
Parse	506406	128.01	251.81	1299	15381	5963	0
Execute	14353173	16232.38	52304.01	74727828	118940085	52404153	96427108
Fetch	1201383	10530.23	63209.44	13652020	210333475	5724986	39923155
total	16060962	26890.62	115765.26	88381147	329288941	58135102	136350263

Misses in library cache during parse: 7551
Misses in library cache during execute: 1404

① Parse count(506406) * 0.01보다 Parse CPU time(128.01)이 작게 나타나고 있으나 parse disk수치가 비교적 높고 Misses In library cache 수치도 높은 것으로 미루어 Dynamic SQL이 많이 사용되고 있거나 라이브러리 캐시가 작게 Setting된 것으로 판단된다.

② Parse Count(506406)와 Execute Count(14353173)의 비율로 보아 많은 SQL들이 Hold Cursor로 선언되어 있거나 Loop Query로 수행되고 있는 것으로 보이지만 Array Processing은 전혀 이루어지지 않은 것으로 판단된다.

③ 1회 실행 시에 평균 Disk I/O는 6 Block, 평균 Logical I/O는 26.9 Block이며, 1 Row 당 평균 Disk I/O는 1.5 Block, 평균 Logical I/O는 4.3 Block이 발생하고 있는 것으로 보아 대체적으로 옵티마이징 전략(인덱스, 클러스터)에 문제가 많은 것으로 판단된다.

④ CPU Fetch Time(10530)과 Elapsed Fetch Time(63209)이 5배 정도의 차이를 보이며, 1회 SQL 실행 시에 평균 CPU Time이 0.002초, 평균 Elapsed Time는 0.008초가 소요되는 것에서 보듯이 개선 여지가 많이 나타나고 있으므로 인덱스 전략 부재에 따른 I/O 비효율이 성능 저하의 주된 원인으로 판단된다.

321 테이블 tab1과 tab2에 아래와 같이 데이터가 존재할 때, 데이터베이스 집합 연산을 이해하기 위해서 결과 집합을 설명하고자 한다. 다음 중 SQL 실행 결과가 <u>올바른</u> 것은? (단, col1과 col2 칼럼 타입 및 길이는 모두 동일하다.)

아 래

tab1 테이블   tab2 테이블
col1   col2
======   =======
A   A
B   C
C   D

① SELECT col1 FROM tab1 MINUS SELECT col2 FROM tab2의 결과 집합은 { A,B,D } 이다.
② SELECT col1 FROM tab1 UNION ALL SELECT col2 FROM tab2의 결과 집합은 { A,B,C,D } 이다.
③ SELECT col1 FROM tab1 UNION SELECT col2 FROM tab2의 결과 집합은 { A,B,C,A,C,D } 이다.
④ SELECT col1 FROM tab1 UNION ALL SELECT col2 FROM tab2의 결과 집합은 { A,B,C,A,C,D } 이다.

322 아래의 내용은 SQL을 수행하고 트레이스 파일을 통해 플랜(Plan)을 확인한 결과이다. 다음 중 실행계획이 수행된 순서를 <u>바르게</u> 연결된 것은?

아 래

```
select /*+ push_subq  */ *
   from emp a
  where a.comm = 500
    and exists (select * from dept b
                    where b.deptno = a.deptno
                      and not exists (select * from dept c
                                        where c.deptno = b.deptno
                                          and c.dname= 'xxx' ))

Rows      Execution Plan
_____  _____

(1)  0   SELECT STATEMENT   GOAL: CHOOSE
(2)  8    TABLE ACCESS (BY INDEX ROWID) OF 'EMP'
(3)  9     INDEX (RANGE SCAN) OF 'EMP_IDX1' (NON-UNIQUE)
(4)  1     INDEX   GOAL: ANALYZED (UNIQUE SCAN) OF 'DEPT_PK' (UNIQUE)
(5)  1      TABLE ACCESS   GOAL: ANALYZED (BY INDEX ROWID) OF 'DEPT'
(6)  2       INDEX GOAL: ANALYZED (UNIQUE SCAN) OF 'DEPT_PK' (UNIQUE)
```

① (3) - (2) - (4) - (6) - (5) - (1)
② (3) - (4) - (6) - (5) - (2) - (1)
③ (3) - (2) - (6) - (5) - (4) - (1)
④ (6) - (5) - (4) - (3) - (2) - (1)

323 합계 연산이 빈번히 발생하는 테이블 tab1에 아래와 같이 데이터가 존재한다. 다음 중 연산 결과가 **올바른** 것은?(각 칼럼 타입은 Number이다.)

아 래

```
col1        col2        col3
==========================
10          20          NULL
15          NULL        NULL
50          70          20
```

① SELECT sum(col2) FROM tab1 의 결과는 NULL이다.
② SELECT sum(col3) FROM tab1 의 결과는 NULL이다.
③ SELECT sum(col1 + col2 + col3) FROM tab1 의 결과는 NULL이다.
④ SELECT sum(col2 + col3) FROM tab1 의 결과는 90이다.

324 조인은 조인을 수행하기 위한 내부적인 매커니즘으로 구분하기도 하지만 조인 조건을 기술한 연산자의 형태에 따라 나누기도 한다. 다음 중 조인의 종류에 대한 설명으로 틀린 것은?

① Inner 조인은 Inner 테이블에 조인 조건을 만족하는 집합이 존재하는 경우에만 결과 집합에 참여시키고자 하는 조인 방법이다

② Outer 조인은 Outer 테이블에 존재하는 집합 중에서 Inner 테이블에 조인 조건을 만족하는 집합이 존재하지 않더라도 결과 집합에 참여시키는 조인 방법이다.

③ 조인 조건은 연산자로 표시하기도 하는데 조인 조건이 등호(=)로 정의되었다면 Natural 조인을 의미한다.

④ 조인 조건을 연산자로 표시할 경우에는 반드시 등호(=)만을 사용하여야 한다.

325 다음 중 배치 프로그램의 처리 시간(Through-put Time)을 단축하기 위한 처리방법으로 거리가 먼 것은?

① 부분 범위 처리
② 전체 범위 처리
③ 병렬 처리
④ Nested-loop 조인을 Hash 조인으로 변경

326 다음 중 실행계획 중에서 온라인 프로그램에 실행계획으로 <u>적절한</u> 것은?

① Execution Plan

```
--------------------------------------------------------
SELECT STATEMENT   GOAL: CHOOSE
 NESTED LOOPS (OUTER)
  NESTED LOOPS (OUTER)
   NESTED LOOPS (OUTER)
    NESTED LOOPS (OUTER)
     NESTED LOOPS (OUTER)
      NESTED LOOPS (OUTER)
       TABLE ACCESS   GOAL: ANALYZED (BY ROWID) OF 'XX101XX'
        INDEX (RANGE SCAN) OF 'AA101T0_PK' (UNIQUE)
       TABLE ACCESS   GOAL: ANALYZED (BY ROWID) OF 'XX004XX'
        INDEX   GOAL: ANALYZED (UNIQUE SCAN) OF 'XX004XX_PK' (UNIQUE)
      TABLE ACCESS   GOAL: ANALYZED (BY ROWID) OF 'AA003T0'
       INDEX   GOAL: ANALYZED (UNIQUE SCAN) OF 'XX003XX_PK' (UNIQUE)
     TABLE ACCESS   GOAL: ANALYZED (BY ROWID) OF 'XX003XX'
      INDEX   GOAL: ANALYZED (UNIQUE SCAN) OF 'XX003XX_PK' (UNIQUE)
    TABLE ACCESS   GOAL: ANALYZED (BY ROWID) OF 'XX001XX'
     INDEX   GOAL: ANALYZED (UNIQUE SCAN) OF 'XX001XX_PK' (UNIQUE)
```

TABLE ACCESS   GOAL: ANALYZED (BY ROWID) OF 'AA001T0'
　INDEX   GOAL: ANALYZED (UNIQUE SCAN) OF 'XX001XX_PK' (UNIQUE)
TABLE ACCESS   GOAL: ANALYZED (BY ROWID) OF 'XX002XX'
　INDEX   GOAL: ANALYZED (UNIQUE SCAN) OF 'XX002XX_PK' (UNIQUE)

② Execution Plan

UPDATE STATEMENT   GOAL: CHOOSE
 FILTER
　TABLE ACCESS (FULL) OF 'CONXXX_LIST'
　SORT (AGGREGATE)
　 TABLE ACCESS (FULL) OF 'CONXXXLIST'

③ Execution Plan

SELECT STATEMENT   GOAL: CHOOSE
 MERGE JOIN
　SORT (JOIN)
　 TABLE ACCESS (FULL) OF 'XXXX5T1_TEMP'
　FILTER
　 SORT (JOIN)
　　TABLE ACCESS   GOAL: ANALYZED (BY ROWID) OF 'XXXX5T1'
　　 INDEX (RANGE SCAN) OF 'XXXXT1_PK' (UNIQUE)

④ Execution Plan

 MERGE JOIN CARTESIAN
 TABLE ACCESS BY INDEX ROWID XXXXCOND_DTL
　INDEX RANGE SCAN XXXXCOND_DTL_PK
 BUFFER SORT
 VIEW
　HASH GROUP BY
　 TABLE ACCESS BY INDEX ROWID XXXXCONS
　 INDEX RANGE SCAN XXXXCONS_PK

327 아래의 SQL문은 부양 가족수에 대한 가족수당을 차등 지급하는 금액을 계산하는 것이다. 다음 중 SQL문의 설명으로 틀린 것은?

> **아 래**
>
> SELECT 부서명, b.사원번호
>   , avg_amt * cnt * DECODE(b.직무,'A1', 0.12, 0.11)
> FROM   부서 a, 사원 b
>   ,(SELECT 사원번호, COUNT(*) cnt
>   FROM   가족
>   WHERE 부양여부 = 'Y'
>   GROUP BY 사원번호) c
>   ,(SELECT 사원번호, AVG(급여총액) avg_amt
>   FROM   급여
>   WHERE 년월 BETWEEN :ST_DATE AND :END_DATE
>   GROUP BY 사원번호) d
> WHERE b.부서코드 = a.부서코드
> AND   c.사원번호 = b.사원번호
> AND   d.사원번호 = b.사원번호
> AND   a.부서코드 = :DEPT_CD ;

① 인라인 뷰를 이용하여 모든 집합을 사원 기준으로 1:1이 되도록 조인하였다.

② 인라인 뷰를 사용함으로써 가족은 사원 집합의 처리 결과를 제공 받아서 처리할 수 있게 되었다.

③ 급여 테이블이 부서와 릴레이션이 있다면 부서 조건을 두 번째 인라인 뷰에 추가하므로 부분적인 개선이 가능하다.

④ 전 사원의 가족과 급여에 대하여 처리한 후에 조인이 수행된다.

328 운영 중인 OLTP 시스템에서 심각한 성능 저하 현상이 나타나고 있어 시스템 진단 작업을 위해 트레이스 정보를 아래와 같이 수집하였다. 다음 중 아래의 통계 정보를 보고 분석한 내용으로 부적절한 것은?

> **아 래**

call	count	cpu	elapsed	disk	query	current	rows
Parse	92946	809.39	1017.69	52	5851	1832	0
Execute	136965	227.29	274.50	1631	79767	50174	5763
Fetch	200694	3291.63	4178.38	725075	20716520	139014	240450
total	430605	4328.31	5470.57	726758	20802138	191020	246213

① Parsing Overhead의 징후가 나타난 것으로 보아 SQL문을 작성할 때 조건절에 바인딩 변수를 사용하지 않았을 가능성이 매우 높다.

② SQL문을 저장한 문자열에 사용자로부터 입력받은 상수 값을 결합시켜 동적으로 실행시키는 경우에 많이 나타나는 현상이다.

③ Execute Elapse/Parse Elapse의 비율이 0.26 정도이므로 Parsing Overhead가 발생하고 있다는 것을 알 수 있다.

④ 동적으로 작성된 SQL은 사용자 수가 적을 경우에는 문제가 되지 않지만 동시 접속자수가 증가하면 심각한 성능 저하 현상이 발생한다.

329 운영중인 시스템은 오픈하고 1년 정도 시간이 경과 하였고 데이터가 축적되고 운영과정에서 약 10% 정도의 프로그램이 신규 개발되고 5% 정도 프로그램이 변경 되었을 때, 다음 중 성능 개선 작업을 위한 목표 설정 기준으로 가장 <u>부적절한</u> 것은?

① DML 문장 1회 실행의 처리 건수
② SQL 처리 시간
③ 응용 프로그램에서 측정된 데이터베이스 응답 시간
④ 데이터 이행을 위한 로드 시간

330 테이블 설계과정에서 Not Null Constraints를 정의하여 데이터 무결성을 강화하고자 한다. 다음 중 아래의 테이블 스키마에 대한 설명으로 <u>부적절한</u> 것은?

```
아  래

PK    col1   col2
===============
A1    20     null
A2    null   null
A3    70     20
```

① Null값에 대한 비교는 Is Null 또는 Is Not Null로 가능하다.
② 'select sum(col1) from tab' 의 결과는 90이다.
③ 'select sum(nvl(col2,0)) from tab' 와 'select nvl(sum(col2)) from tab' 은 동일한 결과이나 NVL 함수 수행 횟수는 두 개 문장이 서로 다르다.
④ 'select nvl(sum(col1 + col2)) from tab' 의 결과와 'sum(nvl(col1,0) + nvl(col2,0)) from tab' 의 결과는 동일하다.

331 운영 중인 시스템을 정기적으로 평가하고 평가 결과에 따라 성능 개선 작업을 실시할 때, 다음 중 성능 개선 방법으로 <u>부적절한</u> 방법은?

① 효율적인 성능 향상을 위해서 모든 SQL을 대상으로 개선 작업을 실시한다.
② 성능 개선의 효과적인 측면을 고려할 때 가장 많이 실행되는 SQL문을 개선한다.
③ 트랜잭션 처리에 의한 지연현상도 개선 대상이다.
④ SQL 성능 개선은 처리 프로그램의 특성에 따라 다른 개선안에 제시된다.

332 병행 제어란 다수의 사용자가 데이터베이스에 동시 접근하여 같은 데이터를 조회 또는 갱신을 할 때 데이터 일관성을 유지하기 위한 일련의 조치를 의미한다. 다음 중 병행제어시 트랜잭션에 대한 설명으로 <u>부적절한</u> 것은?

① 상용 데이터베이스는 낙관적 알고리즘을 적용하여 Locking이나 Timestamp Ordering을 이용하여 병행 제어를 구현한다.
② 트랜잭션은 원자성, 일관성, 고립성, 영속성 등의 특성을 가진다.
③ 영속성은 "변경이 완료된 데이터는 어떠한 고장으로도 손실되지 않아야 한다."는 의미이며, 이를 보장하는 것이 회복기법이다.
④ 갱신분실문제와 모순판독문제를 방지하기 위해서 병행 제어를 한다.

333 운영 중인 시스템은 대량 데이터가 외부에서 제공되어 야간에 일괄 적용이 필요한 시스템이다. 이런 작업 주기는 일, 주, 월 단위로 다양하게 발생할 때, 다음 중 배치 작업의 쟁점 사항을 바르게 설명한 것은?

① 배치 작업은 장시간의 작업이므로 수행 종료 시간에 한계가 없다.
② 오류에 따른 재처리시간은 작업 계획에 포함되지 않는다.
③ 미처리 또는 지연으로 파급되는 문제 해결은 재작업으로 해소된다.
④ 미완료 시 대안 제시에 어려움이 있다.

334 인덱스에서 처리 범위를 결정하는 참여한 조건들을 드라이빙 조건이라 한다. 다음 중 드라이빙 조건에 대한 설명으로 틀린 것은 ?

아 래

```
Select * from 고객
where 주민번호 = :변수1
and 직업 Like :변수2||'%'
and 취미 = :변수3
and 생년월일 Between :변수4 and :변수5
```

① "주민번호+직업"으로 생성된 결합인덱스의 경우 주민번호와 직업은 드라이빙 조건으로 사용될 수 있다.
② "생년월일 + 직업"으로 생성된 결합인덱스의 경우 생년월일은 드라이빙 조건으로 사용될 수 있지만 직업은 드라이빙 조건으로 사용될 수 없다.
③ "직업 + 주민번호"로 생성된 결합 인덱스의 경우 직업과 주민번호는 드라이빙 조건으로 사용될 수 있다.
④ "주민번호 + 취미"로 생성된 결합 인덱스의 경우 주민번호와 취미는 드라이빙 조건으로 사용될 수 있다.

335 다음 중 절차적 처리 비효율에 대한 설명으로 잘못된 것은?

① 반복 DBMS CALL이 발생한다.
② 랜덤 I/O 발생을 유발한다.
③ 업무 규칙 변경 시에 프로그램 수정이 발생한다.
④ 개별적인 SQL 개선으로 전체적인 최적화를 구현한다.

336 일반 테이블의 경우 데이터 값의 순서에 관계없이 저장되는 구조이기 때문에 어떤 키 값의 순서로 데이터를 검색하고자 하는 경우에는 많은 오버헤드가 발생하여 Cluster Index를 고려할 수 있다. 다음 중 Cluster Index의 설명으로 <u>부적절한</u> 것은?

① Cluster Index의 구조는 인덱스부와 데이터부로 나누어져 있으며, 인덱스부는 일반적인 인덱스인 B*Tree 인덱스로 구성되어진다.

② 키 순서에 따라 데이터가 저장되기 때문에 생성 초기를 제외하고 데이터 페이지의 유지비용이 일반 인덱스 보다 훨씬 적게 소요된다.

③ Cluster Index가 존재할 경우 Non Cluster Index는 RID 대신 Cluster Index의 키 값을 가지게 된다.

④ 운영 중에 Cluster Index를 생성하면 구조적으로 데이터 페이지의 개편이 일어나야 하므로 많은 오버헤드가 발생하게 된다.

337 다음 중 데이터베이스 서버의 성능 개선 관점에 대한 설명으로 <u>부적절한</u> 것은?

① 데이터베이스 성능은 시스템 메모리 사이즈가 데이터베이스 사용 영역에 관계 없이 크면 클수록 유리하다.

② CPU 사용률은 튜닝 대상이기 보다는 평가 항목이다.

③ 고가용성을 위한 시스템 구성, RAID 구성, 버전 등에 따른 패치 적용이 정상적이지 않을 경우에 성능상 결정적인 영향을 줄 수 있다.

④ 시스템 메모리는 DBMS를 포함한 사용자 메모리 크기가 전체의 40~60%를 유지하는 것이 적정하다.

338 다음 중 부분 범위 처리에 대한 설명으로 <u>틀린</u> 것은?

① 논리적으로 전체 범위를 읽지 않고 결과를 얻을 수 없는 경우를 제외하고는 모두 부분 범위 처리가 가능하다.

② UNION을 포함한 SQL은 전체 범위 처리를 통해서만 결과를 얻을 수 있다.

③ ORDER BY를 사용하면 동일한 순서의 인덱스가 존재하여도 전체 범위 처리를 수행한다.

④ 조회 조건이 여러 테이블에 분산되어 있거나 정렬 또는 집계가 필요한 경우에는 부분 범위 처리가 어렵다.

339 지속적인 데이터베이스 성능을 유지하기 위해서 데이터베이스 모니터링 및 튜닝 툴을 도입하고자 한다. 다음 중 도입 시 고려사항과 각 툴의 장/단점을 취합의 설명이 <u>잘못된</u> 것은?

① 최근 성능 개선 작업에 상위 대기 이벤트를 수집하여 정보로 제공하는 도구가 많이 사용된다.

② 모니터링은 문제를 발견하기 위한 도구로서 복합적인 문제를 해석하는 것은 사람이다.

③ 단위 SQL의 문제점을 제시할 수 있으나 그 SQL이 실행하는 프로그램 구조에 대한 개선점을 제시하는데 한계가 있다.

④ 데이터베이스 성능 문제점은 개발이 완료 된 후 모니터링과 튜닝 도구를 이용하여 해결이 가능하다.

340 인덱스 전략을 수립하기 위하여 고객 테이블의 액세스 패스를 조사하는 과정에서 아래의 SQL 문장을 발견하였다. 다음 중 아래의 SQL 문장을 분석한 내용으로 <u>부적절한</u> 것은?

아 래

```
select * from 고객
where 고객번호 like :v1|| '%'
  and 생년월일 like :v2|| '%'
  and 취미 like :v3|| '%'
  and 지역 like :v4|| '%'
  and 나이대 like v5|| '%'
```
---

① 술어 조건이 전부 like 조건인 것으로 보아 상수 조건이 미입력된 경우에 많이 나타나는 SQL 패턴이다.

② 술어 조건이 전부 인덱스를 사용할 수 있는 조건이므로 개별적인 인덱스만 존재한다면 어떤 실행계획이 작성되더라도 성능상의 문제는 발생하지 않을 것으로 판단된다.

③ 상수 조건이 미입력된 경우가 있다면 실행 계획을 분리하여 상수 조건이 입력되는 경우에 따라서 SQL이 수행될 수 있도록 하여야 한다.

④ 실행 계획을 분리하지 않는다면 위의 SQL은 분포도가 가장 좋은 '고객번호'를 인덱스하여 실행계획이 수립될 가능성이 가장 높다.

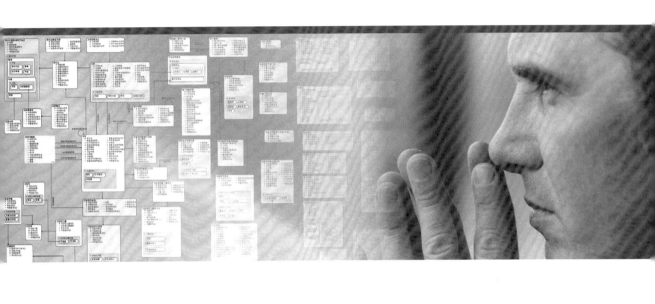

과목 **VI**

데이터 품질 관리 이해

과목 소개

데이터아키텍처를 효과적으로 정의하고 관리하기 위해서는 데이터아키텍처의 기본 구성 요소인 데이터와 데이터의 효과적인 사용을 위한 구조, 마지막으로 고품질의 데이터를 관리하기 위한 방법 등에 대한 이해가 필요하다. 이를 위해서 데이터 품질 관리에 대한 이해의 필요성이 제기되었으며, 본 과목에서는 데이터 품질 관리를 위해 데이터, 데이터 구조, 데이터 관리 프로세스의 관리 목적과 관리 기준, 관리 방법 등의 이해 수준을 테스트한다.

341 다음 중 아래 설명과 가장 밀접한 관련이 있는 것은?

> **아 래**
>
> 사용자의 요구에 적합한 형태의 서비스를 제공하고 있는지에 대해 확인함으로써 고객의 서비스 만족을 도모하는 작업으로, 서비스 만족에 대한 검토는 신규 시스템 개발 내역과 변경 처리 내역에 대한 내역뿐만 아니라 서비스 되는 모든 시스템에 대한 분석이 정기적/비정기적인 계획을 통해 이루어져야 한다.

① 사용자 요구 사항　　　　　　② 사용자 활용 관리
③ 사용자 만족도 관리　　　　　④ 변경 계획 수립

342 데이터 품질 관리 프로세스는 고품질의 데이터를 지속적이고 안정적으로 서비스하기 위하여 각 기업의 특성에 맞게 정의한 프로세스 간의 연관관계를 의미한다. 다음 중 데이터 품질 관리 프로세스를 정의하는 기준으로 가장 거리가 먼 것은?

① 정의된 데이터 품질 관리 프로세스는 데이터 관리 원칙에 맞게 정의되어야 한다.
② 각 기업의 데이터 품질 관리 프로세스를 지원하고 담당할 담당자와 조직을 정의하고, 데이터 관리 원칙에 준하여 데이터 관리 프로세스 목록을 도출한다.
③ 각 기업의 기존 프로세스에 대한 특성을 고려하여 정의하고, 정의된 프로세스는 데이터와 관련된 모든 요소가 빠짐없이 관리될 수 있어야 한다.
④ 데이터 품질 관리 프로세스에는 기존의 타 프로세스(변화 관리, 프로젝트 관리 등)와 상호 연관관계가 명확하게 정의되어서 적용에 문제가 없어야 한다.

343 다음 중 데이터아키텍처(DA, Data Architecture)를 구축하고자 하기 위해서 데이터 관리 정책을 수립하고자 할 때 DA 담당자의 역할로 가장 거리가 먼 것은?

① 사업계획을 바탕으로 기업 데이터 확보 계획을 정의한다.
② 확보된 데이터를 효과적으로 관리 · 유지하기 위한 체계를 정의한다.
③ 사용자 표준화 요건을 수렴한 후에 각 표준화 요소에 대한 전사 표준을 정의한다.
④ 데이터베이스 품질과 관련된 작업을 원활하게 수행하기 위한 교육 체계를 수립한다.

344 다음 중 아래의 괄호 안에 가장 적합한 것은 무엇인가?

> **아 래**
>
> (　　　　)은 사업 계획에 기반을 둔 기업의 비전과 목표를 달성하기 위해 필요한 데이터 확보 계획과 확보된 데이터를 효과적으로 관리, 유지하기 위한 체계 및 계획을 정의하는 작업을 말한다.

① 데이터 관리 정책 수립　　　　② 데이터 표준 정의
③ 변경 계획 수립　　　　　　　④ 사용자 요구 사항

345 A기업의 데이터아키텍처(DA, Data Architecture) 담당자는 차세대 시스템 구축을 하기 전에 기존 데이터 모델 및 용어집을 통해 사용되고 있는 모든 단어를 추출하여 '표준단어 사전'을 정의하고자 한다. 다음 중 DA 담당자가 고려해야 할 사항으로 가장 거리가 먼 것은?

① 추출된 모든 단어의 종류와 유형을 분류하여 업무 정의 및 용도를 고려한다.
② 표준 단어는 업무에 의존적인 단어 중에서 추출하고, 최대한 약어 사용을 권장한다.
③ 새로운 업무를 정의할 때 참조할 수 있어야 한다.
④ 일상적인 단어를 사용하여 일반인도 해당 단어의 의미를 이해할 수 있어야 한다.

346 데이터 표준 관리는 데이터 표준화 원칙에 따라 정의된 표준 단어 사전 및 도메인 사전, 표준 용어 사전, 표준 코드, 데이터 관련 요소 표준 등을 기업에 적합한 형태로 정의 및 변경 관리하고 데이터 표준의 준수여부 체크를 통한 데이터 정제 및 개선 활동을 의미한다. 다음 중 데이터 표준의 관리 활동에 대한 내용으로 가장 적합한 것은?

① 데이터베이스 설계와 개발을 지원하고 전사적 데이터 표준의 사용 및 재사용을 통해 시스템 간의 상호운용성, 데이터 공유, 시스템 통합, 비즈니스 프로세스 개선 등을 지원한다.
② 데이터 표준은 현업 의견이 적극 반영되어야 하며 업무의 혼동을 줄이기 위하여 관습적으로 사용되는 용어를 가급적이면 모두 수용하는 것이 바람직하다.
③ 표준의 적용은 신규 개발 시점에서 이루어지고 기존 시스템과 중복 표준이 허용될 수 있다.
④ 표준 관리 대상 및 적용 대상이 많으므로 표준화 도구의 사용은 필수이며, 이를 기반으로 하는 표준 데이터 관리의 자동화가 무엇보다 중요하다.

347 기존 데이터 모델 및 용어집을 통해 해당 기관에서 사용되고 있는 모든 단어를 추출하고 추출된 단어는 단어 종류와 유형을 분류하고 업무 정의 및 용도를 고려하여 표준 단어를 정의한다. 이와 가장 관련이 있는 것은?

① 표준화 요구 사항 수립　　　② 표준 코드 정의
③ 표준 도메인 사전 정의　　　④ 표준 단어 사전 정의

348 표준의 변경 시에는 기존 테이블이나 칼럼에 영향을 미치므로 해당 표준의 변경으로 인해 변경이 필요한 테이블 및 속성, 기타 요소들을 파악하고 해당 FDA/Modeler에게 해당 작업을 요청하는 일련의 작업과 가장 밀접한 관련이 있는 것은?

① 변경 요구 사항 검토　　　② 표준 변경 영향도 평가
③ 표준 추가 및 변경　　　④ 표준 등록 및 공표

349 요구 사항 관리란 데이터를 비롯하여 관련 애플리케이션 및 시스템 전반에 걸친 사용자의 요구를 수집하고 분류하여 반영하는 작업 절차를 말한다. 가장 연관성이 낮은 것은?

① 외부 인터페이스 요건　　　② 기능 개선 요건
③ 성능 개선 요건　　　④ 화면 개선 요건

350 중요 데이터에 대한 훼손, 변조, 도난, 유출에 대한 물리적 접근통제 및 사용통제와 가장 밀접한 관련이 있는 것은?

① 외부 인터페이스 요건
② 보안 개선 요건
③ 성능 개선 요건
④ 기능 개선 요건

351 A기업에서는 각 업무 파트에서 서로 다르게 정의하여 사용하는 코드들을 통합하여 표준 코드를 구축하고자 한다. 여러 조직에서 각 업무에 맞는 코드를 정의하여 기존의 업무를 수행해 왔기 때문에 표준 코드를 만드는 것은 여러 가지 조건들을 필요로 한다. 다음 중 표준 코드를 선정하는 기준으로 거리가 먼 것은?

① 표준 코드에는 각 산업별 법·제도에서 공통적으로 사용하는 코드를 포함해야 한다.
② 데이터에 대한 이해력을 높이고 코드 관리를 용이하게 하기 위해서는 기업 자체적으로 코드를 정의해 사용하는 방법보다 표준화 기구나 정부 및 공공기관에서 정의한 코드를 활용하는 것이 더 효과적이다.
③ 코드는 유일하게 정의되어야 한다. 동일한 내용의 코드가 중복되어 사용될 경우에는 전사 차원의 데이터가 불일치하는 심각한 문제를 야기할 수 있다.
④ 복잡하고 중요한 데이터는 각각의 고유성을 지녀야 하므로 코드화가 힘든 항목이 대부분이며 데이터의 정보 분석은 불가피하게 수작업과 전문가의 확인을 필요로 한다.

352 '데이터 품질 관리'란 조직의 내·외부 지식 노동자와 최종 사용자의 기대를 만족시키기 위한 지속적인 데이터 및 데이터 서비스 개선활동을 말한다. 다음 중 데이터 품질 관리의 범위에 대한 내용으로 가장 거리가 먼 것은?

① A기업은 현재 운영되고 있는 시스템의 데이터 모델에 사용된 속성명과 칼럼명을 현행화한 후에 용어 사전을 관리하기로 했다.
② B기업은 우수한 DBA 인력을 확보하여 데이터 관리를 전담시키고 있었는데, 해당 인력의 퇴사로 인한 대체 인력을 확보하지 못해 인수인계가 될 때까지 퇴사 시기를 늦추기로 했다.
③ C기업은 현재 데이터베이스에 구현된 테이블 중에서 데이터 모델이 없는 것을 발견하고 데이터베이스 카탈로그 정보를 리버스(Reverse)하여 물리 데이터 모델을 작성했다.
④ D기업은 정부 산하기관에서 발표한 데이터 참조모델 자료를 참조하여 기업 실정에 맞는 데이터 아키텍처를 구축하기로 했다.

353 업무 영역별, 주제 영역별 표준 데이터 집합, 관리 항목들이 표기되어 재사용이 가능한 데이터 모델을 정의하는 작업은 무엇인가?

① 데이터 참조 모델
② 개념 데이터 모델
③ 논리 데이터 모델
④ 물리 데이터 모델

354 A기업은 자체적으로 전사(Enterprise) 시스템의 표준화 수준을 평가한 결과, 단위 시스템별 표준화는 상당 부분에서 지켜지고 있었지만 전사적인 표준화를 위한 통합 관리가

미흡하다는 것을 발견하였다. 이에 A기업은 표준에 대한 재정비 및 표준에 따른 기존 시스템의 변경 작업을 수행하려고 한다. 다음 중 표준과 연관된 대상들에 대한 설명으로 가장 거리가 먼 것은?

① 표준 코드는 기관이나 기업에서 자체적으로 정의하여 사용하는 것보다 표준화기구, 정부, 공공기관 등에서 정의한 코드를 재사용하는 것이 효과적이다.
② 용어는 기업의 업무 범위 내에서 약어를 사용하거나 내부에서 별도로 정의하여 사용할 수 있다.
③ 도메인은 여러 개의 하위 도메인으로 구성되거나 하나의 도메인이 여러 개의 도메인에 중복 적으로 사용될 수 없다.
④ 도메인은 지나치게 일반화하여 정의하기 보다는 업무의 특성을 충분히 반영할 수 있도록 선 언하여 관리한다.

355 비즈니스 규칙을 토대로 업무의 모든 데이터 구조를 상세하고 구체적으로 정의한 모델로 데이터 참조 모델 및 데이터 표준을 참고하여 설계 작업을 수행하는 것은 무엇인가?

① 데이터 참조 모델　　　　　② 개념 데이터 모델
③ 논리 데이터 모델　　　　　④ 물리 데이터 모델

356 소스 데이터(문서, Text, DB 등)를 수기로 생성하거나 추출, 변환, 적재를 통해 생성하여 타깃 데이터베이스에 저장하고 가공하는 것과 가장 밀접한 관련이 있는 것은?

① 데이터 활용 관리　　　　　② 데이터 흐름 관리
③ 데이터베이스 관리　　　　　④ 데이터 모델 관리

357 다음 보기 중에서 서로의 연관성이 가장 적은 것은 무엇인가?

① 데이터 추출요건 검토　　　　② 소스 데이터 분석
③ 소스 데이터 설계　　　　　④ 데이터 흐름 기준 도출

358 회사의 고객, 프로세스, 시장환경, 재무정보 등에 직접적으로 영향을 미치는 중요성이 높은 데이터는 무엇인가?

① 핵심 데이터　　② 모델 데이터　　③ 표준 데이터　　④ 업무 데이터

359 A기업의 관리 데이터는 데이터베이스를 효과적으로 운영·관리하는데 필요한 데이터를 의미한다. 이를 위해 사용 관리 데이터, 장해 및 보안 관리 데이터, 성능 관리 데이터, 흐름 관리 데이터, 품질 관리 데이터 등을 정의하였다. 다음 중 각 관리 데이터에 대한 정의로 거리가 먼 것은?

① '사용 관리 데이터' 란 데이터베이스의 활용 가치와 사용자의 만족도를 극대화하기 위해서 필수적으로 관리되어야 할 데이터를 의미한다.
② '장해 및 보안 관리 데이터' 란 데이터베이스의 정상적인 상태 유지나 효과적인 사용을 방해

하는 사건을 사전에 예방하거나 사건 발생 시에 신속한 복구가 이루어질 수 있도록 하기 위해서 관리되어야 할 데이터를 의미한다.

③ '성능 관리 데이터'란 데이터베이스의 성능을 개선시키기 위해서 필수적으로 관리해야 할 데이터를 의미한다.

④ '흐름 관리 데이터'란 데이터의 정합성을 확보하고, 데이터의 품질유지 및 개선을 위한 작업을 수행하기 위해 기본적으로 관리되어야 할 데이터를 의미한다.

360 다음 중 성격이 가장 <u>다른</u> 데이터는 무엇인가?

① 사용 관리 데이터   ② 장해 및 보안 관리 데이터
③ 성능 관리 데이터   ④ 사용자 관리 데이터

361 관리 데이터에 대한 설명 중 성격이 <u>다른 것</u>은 무엇인가?

① 데이터베이스를 평가하여 중요도를 결정한다.
② 백업 및 복구 절차를 확립하고 주기적으로 교육한다.
③ 데이터베이스에 대한 보안 규정을 수립하고 주기적으로 교육 및 홍보한다.
④ 성능 측정 기준을 정립하고 해당 기준은 모두 정량화 한다.

362 데이터에 대한 이해도 증가, 의사소통의 원활한 진행, 데이터 통합을 수월하게 진행하는데 효과가 나타나는 데이터는 무엇인가?

① 표준 데이터   ② 모델 데이터   ③ 관리 데이터   ④ 업무 데이터

363 데이터아키텍처(DA, Data Architecture) 담당자는 데이터베이스를 효과적으로 운영·관리하기 위해서 필요한 데이터에 대한 지식도 필요하다. 다음 중 이 때 필요한 데이터에 대한 설명으로 가장 거리가 먼 것은?

① 월별로 데이터베이스 사용상의 문제점 개선 요구를 분석한다.
② 중요도에 따라 일별, 주별, 월별로 백업할 데이터를 분류한다.
③ 성능 측정 기준을 정립하고 그 기준은 모두 정량화한다.
④ 원천 데이터에 대한 접근 권한과 생성, 변경, 소멸 등의 규칙을 정의한다.

364 다음 중 개념 데이터 모델에 대한 정의와 관리 기준으로 가장 거리가 먼 것은?

① 개념 데이터 모델이란 업무 요건을 충족하는 데이터의 주제 영역과 핵심 데이터 집합을 정의하고 상호 간의 관계를 정의한 모델이다.
② 개념 데이터 모델은 데이터 영역과 데이터 집합을 업무 영역에 국한하지 않고 전사적 관점에서 정의하는 것으로 보다 원시화된 속성과 데이터 영역으로 정의한다.
③ 개념 데이터 모델은 기업의 업무 특성에 적합한 주제 영역과 핵심 데이터 집합과 관계를 정의하며 주제 영역을 통해 전체 업무 범위와 업무 구성 요소를 확인할 수 있다.
④ 개념 데이터 모델은 향후에 정의하게 될 상세 논리 데이터 모델과 물리 데이터 모델의 데이터 구조적 연결정보(Alignment)를 지원한다.

365 다음 중 아래 모델 데이터는 어떤 관리기준에 대한 설명인가?

> **아 래**
>
> 모델 데이터는 데이터 구조 각 단계별 데이터 모델과 업무 규칙은 물론, 실제 시스템에 구현된 물리 데이터와도 논리적으로 일치해야 한다.

① 완전성　　　② 일관성　　　③ 상호 연계성　　　④ 최신성

366 A기업에서는 데이터아키텍처(Data Architecture) 수립 이후 1년 정도의 시간이 흐른 뒤에 데이터 정합성을 체크하였다. 그 결과로 부모 테이블과 자식 테이블 간에 일치하지 않는 데이터가 존재하는 것을 발견했다. 다음 중 이러한 데이터 불일치 문제를 사전에 방지하기 위한 내용으로 가장 거리가 먼 것은?

① 부모 테이블의 데이터가 삭제되면 해당 데이터를 참조하는 자식 테이블의 데이터가 함께 삭제되거나 혹은 자식 데이터가 존재하면 부모 테이블의 데이터는 삭제될 수 없다.
② 자식 테이블의 데이터 생성 할 때 부모 테이블에 참조되는 데이터가 반드시 존재해야 한다.
③ 부모 테이블의 키 데이터가 변경되면 참조하는 자식 테이블의 데이터는 같이 변경되거나 혹은 자식 데이터가 존재하면 부모 테이블의 키 데이터는 변경되지 못한다.
④ 부모 테이블과 자식 테이블 간의 데이터 정합성을 위해서 DBMS에서 제공하는 트리거(Trigger) 사용을 권장한다.

367 다음 중 아래는 무엇에 대한 설명인가?

> **아 래**
>
> 업무 요건을 충족하기 위해서 데이터의 주제 영역과 핵심 데이터 집합을 정의하고 관계를 정의한 모델

① 데이터 참조 모델　　　　　② 논리 데이터 모델
③ 개념 데이터 모델　　　　　④ 물리 데이터 모델

368 다음 중 핵심 엔터티와 가장 연관성이 낮은 것은?

① 집합성　　　② 식별성　　　③ 영속성　　　④ 선택성

369 A기업에서는 데이터아키텍처(DA, Data Architecture) 수립 이후 1년 정도 시간이 흐른 뒤 논리 데이터 모델과 물리 데이터 모델간의 정렬(Alignment)이 어긋나 있는 것을 발견하였다. 다음 중 발견된 문제를 방지하기 위해서 DA 담당자가 관심을 가져야 될 사항으로 거리가 가장 먼 것은?

① 모델 데이터는 개념 데이터 모델, 논리 데이터 모델, 물리 데이터 모델, 데이터베이스 등의 데이터 구조의 각 단계 데이터 모델에 대한 모든 메타 데이터를 포함해야 한다.
② 모델 데이터는 단어, 용어, 도메인 및 데이터 관련 요소 표준 등을 준수해 정의해야 한다.

③ 모델 데이터는 데이터 구조를 입체·체계적으로 관리할 수 있도록 데이터 구조의 각 단계 데이터 모델 간의 상호연관관계를 표현해야 한다.

④ 모델 데이터는 정의된 소스와 타깃의 매핑 규칙을 준수하고, 위배되는 데이터에 대한 크린징(Cleansing) 규칙도 정의되어 있어야 한다.

370 사용자 뷰(View)는 데이터를 제공하는 정보시스템의 화면이나 출력물을 의미한다. 화면 및 출력물과 시스템의 구조적 관계를 정의해 관리하면 사용자 뷰를 개선 및 관리하기 위해서 수행하는 데이터 모델이나 SQL 등에 대한 일련의 변경 작업을 정확하게 수행할 수 있다. 다음 중 사용자 뷰에 해당하는 화면이나 출력물을 관리하는 기준으로 가장 거리가 먼 것은?

① 사용자 화면을 통해 처리되는 모든 작업 절차는 직관적이고 편리해야 한다.

② 화면을 통해 원하는 정보를 신속하고 정확하게 검색할 수 있도록 적정한 속도와 성능을 유지해야 한다.

③ 출력물은 정보시스템을 통해 생성되는 산출물을 의미하며 여기에는 보고서, 장표, 전표 등은 물론 해당 출력물을 생성하는 응용프로그램까지 포함해야 한다.

④ 사용자 뷰는 데이터 처리의 산출물로써 데이터 품질과 직접적 관련은 적을 수 있으나 사용자 만족도를 위해 사용자에게 제공되는 최종 산출물에 포함되어야 한다.

371 A기업은 현재 데이터아키텍처(DA, Data Architecture)를 구축 중이다. 이번 달부터 DA 담당자는 기업의 업무 특성에 맞는 적합한 주제영역과 핵심 데이터 집합과의 관계를 정의하여 모델을 작성해야 한다. 다음 중 작성하는 모델에 대한 설명으로 적합한 것은?

① 단순히 엔터티 간의 관계뿐만 아니라 엔터티와 엔터티 간의 정의, 엔터티의 데이터 관리 규칙, 속성 정의 등도 함께 저장하여 참조될 수 있도록 해야 한다.

② 하나의 속성은 하나의 데이터 유형을 가리키며 하나의 데이터만 관리한다.

③ 하나의 단위 주제영역은 가급적 다른 주제영역의 엔터티, 관계 등의 영향을 받지 않는 엔터티의 모임이어야 한다.

④ 테이블 내의 레코드들은 하나 이상의 칼럼 데이터에 의해 구별 가능해야 한다.

372 다음 중 데이터 표준화 작업의 유의사항으로 가장 거리가 먼 것은?

① 정보시스템에서 사용되는 표준 단어 사전이란 기업이나 기관에서 업무상 일정한 의미를 갖고 있는 최소 단위의 단어를 정의한 사전을 말한다.

② 단어는 개별적이나 용어는 업무와 조직의 성격에 따라 그 조합이 달라질 수 있다.

③ 표준 단어를 정의함으로써 동일한 단어를 서로 다른 의미로 사용하거나 혹은 하나의 단어에 다양한 의미를 부여하여 사용할 수 있게 된다.

④ 표준 용어를 정의함으로써 기업 내부의 서로 상이한 업무 간에 의사소통을 할 경우, 용어에 대한 이해 부족으로 유발되는 문제점을 최소화 할 수 있다.

373 요구 사항 분석을 수행할 경우에 업무 문서나 장표, 인터뷰, 관련전문서적, DFD, 타시스

템, 보고서, 현장 조사 등을 통해 데이터아키텍처(DA, Data Architecture) 수립 관련 정보를 수집할 수 있다. 수집된 정보를 기초로 하여 업무영역 내에서 관리하고자 하는 데이터 집합을 정의해야 하는데, 이것은 두 개 이상의 속성과 두 개 이상의 인스턴스를 가져야 하며 각각의 인스턴스는 개별·동질·독립적인 데이터 집합이며 영속적으로 존재하는 데이터 단위이다. 다음 중 이러한 데이터 단위와 가장 거리가 먼 것은?

① 엔터티는 하나 이상의 속성으로 엔터티의 각 인스턴스를 유일하게 구분할 수 있어야 한다.
② 엔터티는 업무 범위 내에서 반드시 사용되어야 하는 데이터 집합이다.
③ 엔터티는 반드시 다른 엔터티와의 관계가 존재해야 한다.
④ 엔터티는 필수와 선택을 구별하여 표현할 수 있어야 한다.

374 A기업은 지난 달에 데이터 관리 정책을 수립하였고, 이번 달부터는 개념적 관점에서 데이터 품질 관리와 연관된 항목을 도출 및 정리하고자 할 때, 다음 중 현재 상황과 연관된 내용으로 가장 거리가 먼 것은?

① 데이터 요구 사항 관리에 의해 변경되는 데이터 구조를 모델에 반영하고, 데이터베이스 시스템 구조와 동일하게 데이터 모델을 유지한다.
② 업무 요건을 충족하는 데이터의 주제 영역과 핵심 데이터 집합을 정의하고 관계를 정의한다.
③ 데이터를 비롯하여 관련 애플리케이션 및 시스템 전반에 걸친 사용자의 요구를 수집·분류하여 반영한다.
④ 정보 시스템에서 사용되는 용어 및 도메인, 코드 등에 대해 공통된 형식과 내용을 정의하여 사용한다.

375 사용자 요구 사항 분석을 완료한 후에 엔터티 수집 및 정의까지 진행하였다. 이와 같이 엔터티 정의가 진행되고 나면 엔터티 내에서 관리하고자 하는 정보의 항목들을 정의해야 한다. 하지만 이 항목들은 초기에 결정된 후 사용자의 요구에 따라 무분별하게 증가될 우려가 있다. 다음 중 이러한 무분별한 증가를 방지하기 위해서 데이터아키텍처(DA, Data Architecture) 담당자가 점검해야 할 항목으로 성격이 <u>다른</u> 것은?

① 현재 관리하고 있는 데이터 집합이거나 앞으로도 관리할 데이터 집합이다.
② 의미 있는 최소 단위까지 분할되어야 하며 하나의 속성은 동시에 여러 상태의 정보를 포함할 수 없다.
③ 하나의 속성은 하나의 데이터 유형을 가리키며 하나의 데이터만 관리한다.
④ 업무 내에서 의미 있는 범위 내의 상세화 수준이 결정되어야 한다.

376 A기업은 향후 5년 간의 비전 및 목표 달성에 필요한 데이터의 확보 계획과 확보된 데이터의 효과적인 운영 관리 체계 및 계획을 재정의 하기 위해서 데이터의 효과적인 확보 및 유지관리를 위한 규정, 계획, 지침 등을 정비하였다. 다음 중 데이터아키텍처(Data Architecture) 담당자가 확인해야 할 사항으로 가장 거리가 먼 것은?

① 관련 지침이 쉽게 이해할 수 있도록 의미가 불분명하지 않은가를 확인한다.

② 관련 지침이 정책 수립에 필요한 모든 사항을 정의하고 있는가를 확인한다.
③ 관련 지침이 급변하는 시장 환경에 즉각적인 대응이 가능하도록 변경이 유연한가를 확인한다.
④ 관련 지침과 규정 사이에 충돌이 발생하지 않는가를 확인한다.

377 속성에 대한 관리기준 중에서 성격이 **틀린** 것은?

① 완전성 　　　② 원자성 　　　③ 일관성 　　　④ 정보성

378 다음 중 아래는 무엇에 대한 설명인가?

> **아 래**
>
> 논리 데이터 모델에는 반영되어 있지 않으나 데이터의 접근 속도를 빠르게 하기 위한 데이터 저장소의 하나

① 스토리지 　　　② 인덱스 　　　③ DB링크 　　　④ 파티션

379 데이터베이스 관리 프로세스의 순서로 **적합한** 것은?

① 데이터베이스 생성, 백업주기 및 스케줄정의, 데이터베이스 백업 수행, 데이터 보안대상 선정
② 데이터베이스 생성, 데이터 보안대상 선정, 백업주기 및 스케줄정의, 데이터베이스 백업 수행
③ 백업주기 및 스케줄 정의, 데이터베이스 생성, 데이터베이스 백업 수행, 데이터 보안대상 선정
④ 백업주기 및 스케줄 정의, 데이터 보안대상 선정, 데이터베이스 생성, 데이터베이스 백업 수행

380 데이터 흐름 프로세스는 원천데이터(문서, Text, DB 등)를 수기로 생성하거나 추출, 변환, 적재, 가공 등을 통해 목표 데이터베이스에 저장하는 데이터 라이프사이클을 통제 및 관리하는 작업이다. 여기에는 정기 및 비정기적인 배치 작업 및 정형·비정형 데이터의 배치 작업을 포함한다. 다음 중 데이터 흐름을 개선하기 위해 상세 업무 흐름을 정의한 것으로 가장 **부적절한** 것은?

① 데이터 흐름 점검 기준 도출 : 데이터 오류의 최소화를 위해서 지속적인 품질 점검을 실시하여 관리되어야 할 기준을 도출하는 과정이다.
② 데이터 흐름 점검 지표 생성 : 사용자가 설정한 품질 지표별로 데이터 이동에 대한 규칙들의 구체적인 기준들을 생성하여 관리한다.
③ 데이터 정합성 체크 : 데이터 흐름 점검 지표에 따른 구체적인 체크 모듈들을 실행하여 정합성을 체크한다.
④ 흐름 오류 데이터 분석 : 데이터 정합성 검증을 통하여 추출된 오류 데이터에 대한 분석을 수행하고, 오류의 원인분석 결과에 따라 데이터 관리의 각 요소에 적절한 조치를 수행한다.

381 다음 중 데이터 품질관리 프레임워크의 구성요소로서, 상호 연계되어 정보시스템의 데이터 품질에 영향을 주고 있는 데이터 품질관리 요소로 적합하지 않은 것은?
① 데이터 값 　② 데이터 구조 　③ 데이터 표준 　④ 데이터 관리 프로세스

382 표준 단어 사전에 대한 관리 기준으로 거리가 먼 것은?

① 표준성   ② 업무지향성   ③ 일반성   ④ 대표성

383 다음 문장의 빈 칸에 적합한 것은?

업무에서 자주 사용되는 단어의 조합을 의미하는 것으로, [_____]는 전사적으로 사용하는 엔터티와 속성을 대상으로 표준 단어 사전에 정의된 단어를 조합하여 정의한다. [_____]를 정의함으로써 기업 내부에서 서로 상이한 업무 간에 의사소통이 필요한 경우, 이해 부족으로 유발되는 문제점을 최소화할 수 있다.

① 표준 단어   ② 표준 용어   ③ 표준 도메인   ④ 표준 코드

384 운영 데이터의 추출(Extract), 변환(Transformation), 적재(Loading) 등의 과정을 통해 생성되는 데이터로, 기관이나 조직의 업무나 제반 활동을 신속하게 지원하기 위해 최신성과 정확성이 요구되는 것은?

① 원천 데이터   ② 관리 데이터   ③ 표준 데이터   ④ 분석 데이터

385 어떤 조직에서 관리하고 있는 고객 데이터를 이용하여 매월 대금청구서를 발송하면 발송한 청구서 중 평균적으로 5% 정도는 반송이 되고 있다. 관리하고 있는 고객의 주소 데이터를 검사한 결과 주소가 비어있거나 정의되지 않은 오류 주소값이 발견되지 않았다면, 이 주소 데이터에 대해 의심할 수 있는 품질 기준 항목은 무엇인가?

① 정확성   ② 완전성   ③ 최신성   ④ 일관성

386 다음 주 주제 영역(Subject Area)에 대한 관리 기준 설명으로 적합하지 않은 것은?

① 하나의 단위 주제 영역은 가급적 다른 주제 영역의 엔터티나 관계의 영향을 받지 않는 엔터티의 모임이어야 한다.

② 단위 주제 영역 내의 엔터티와 관계는 단위 주제 영역 내에 집중되어야 한다.

③ 주제 영역을 명명하는데 있어 업무적 명확성을 나타내는 것이 좋다.

④ 엔터티들은 반드시 다른 엔터티와 관계가 존재해야 한다.

387 어떤 기업의 현행 정보시스템에 존재하는 문제점들을 개선하고 고도화하기 위해 모델러가 현행 시스템의 데이터 구조를 분석하여 전체 업무 범위와 업무 구성 요소를 확인하고 전체 데이터의 윤곽을 잡기 위해 핵심적인 데이터 집합을 도출하고 전사 수준에서의 데이터 구조를 정의하였다면 그 결과물은 무엇인가?

① 개념 데이터 모델   ② 논리 데이터 모델   ③ 물리 데이터 모델   ④ 개괄 데이터 모델

388 다음 중 논리 데이터 모델에 대해 요구될 수 있는 관리 기준을 설명한 것으로 적합하지 않은 것은?

① 다루는 대상에 대한 데이터 구조 정의 시 상세하게 정의될 수 있는 모든 정보를 포함해야 한다.

② 업무에서 다루는 모든 데이터 구조를 구체적으로 정의해야 한다.

③ 업무에서 다루는 모든 데이터 구조를 최신의 내용으로 관리해야 한다.

④ 업무에서 다루는 모든 데이터에 대한 완전한 구조를 정의해야 한다.

389 개념 데이터 모델과 논리 데이터 모델에서 정의되는 관계(Relationship)의 관리 기준으로 적합하지 않은 것은?

① 선택성   ② 기수성   ③ 관계 명칭   ④ 관계성

390 칼럼에 대해 적용될 수 있는 제약 조건에 대한 관리 기준으로 적합하지 않은 것은?

① NOT NULL   ② CASCADE   ③ FOREIGN KEY   ④ CHECK

391 데이터의 효과적인 확보, 유지 관리를 위해 수립된 규정이나 계획, 지침 등에 포함된 데이터 관리 방향이 의미하는 것은?

① 데이터 관리 원칙   ② 데이터 활용 원칙   ③ 데이터 관리 정책   ④ 데이터 표준 관리

392 다음 설명에서 데이터 관리 조직에 대한 관리 기준에 따라 보완이 필요한 것으로 판단할 수 있는 것은 무엇인가?

• 매년 초에 데이터 관리 상태를 점검하기 위한 정기적인 점검 계획을 수립한다.

① 준수성   ② 완전성   ③ 명확성   ④ 운영성

393 다음 중 데이터 관리 프로세스를 수립하는 기준으로 고려하기에 적합하지 않은 것은?

① 데이터 관리 프로세스는 데이터 관리 원칙에 맞게 정의되어야 한다.

② 각 조직의 기존 프로세스에 대한 특성을 고려하여 정의해야 한다.

③ 데이터와 관련된 모든 요소가 빠짐없이 관리될 수 있도록 정의되어야 한다.

④ 기존의 다른 프로세스와의 상호 연관관계를 고려하는데 있어서 변화 관리 프로세스는 제외된다.

394 데이터 표준 관리 프로세스를 정의하는데 있어서 연관관계를 고려해야 할 프로세스로 보기에 가장 연관성이 적은 것은?

① 데이터 흐름 정의 ② 데이터베이스 정의 ③ 데이터 모델 정의 ④ 데이터 관리 정책 수립

395 데이터의 활용 여부를 점검하고 활용도를 높이기 위해 필요한 데이터 활용 관리 프로세
스를 수립하는데 있어서 고려할 사항으로 가장 거리가 먼 것은?

① 회사의 고객, 프로세스, 시장 환경, 재무 정보 등에 직접적으로 영향을 미치는 중요성이 높
은 핵심 데이터를 도출하고 해당 테이블의 칼럼 수준으로 관리한다.

② 데이터의 모든 값은 의미 있게 채워져 있어야 한다

③ 관련된 동일 항목의 데이터는 동일한 값으로 관리되어야 한다.

④ 저장된 데이터의 값은 업무 규칙 수립에 중요한 기준이 된다.

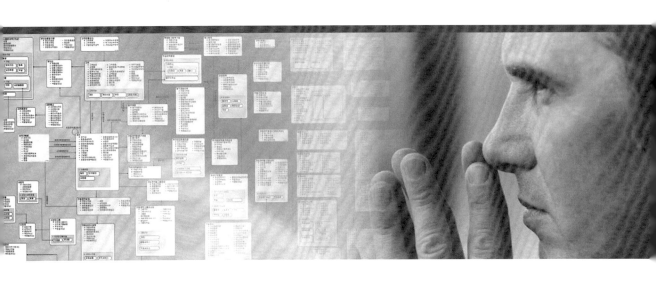

실기문제

(396~397) 표준화 정의서를 작성하고 논리 데이터 모델 표기법 예시를 참조하여 논리 데이터 모델을 제시하시오. 단, 표준화 정의서는 기본원칙, 표준용어, 표준코드, 표준 도메인으로 정의되어야 하고, 논리 데이터모델에는 엔터티, 속성, 관계(명), 식별자 등이 명시되어야 한다. 표기법은 "논리 데이터 모델 표기법 예시" 택일 할 수 있다.

■ 논리 데이터 모델 표기법 예시

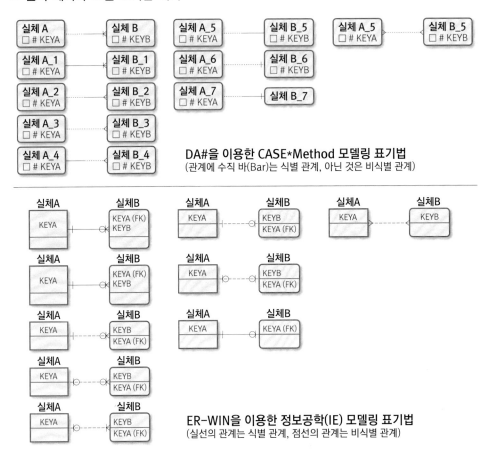

DA#을 이용한 CASE*Method 모델링 표기법
(관계에 수직 바(Bar)는 식별 관계, 아닌 것은 비식별 관계)

ER-WIN을 이용한 정보공학(IE) 모델링 표기법
(실선의 관계는 식별 관계, 점선의 관계는 비식별 관계)

396 아래 내용의 업무 요건을 충족하는 최적의 표준화 정의서 및 논리 데이터 모델을 제시하시오.

> ### 아 래
>
> 우리 회사는 중견 SI업체이며, 수주한 프로젝트를 성공적으로 완수하기 위한 방법의 하나로 요구사항관리를 전산화하기로 했다. 이를 통해 프로젝트팀의 업무수행을 돕고, 전사적인 요구사항 관리 수준을 향상시키고자 한다.
>
> 프로젝트를 수주하면 프로젝트명과 발주처, 프로젝트 기간(시작일, 종료일), 수주금액, 프로젝트 개요 등을 저장하며, 이때 해당 프로젝트에 대한 프로젝트ID가 자동 생성되도록 한다. 등록된 프로젝트에 대해 영업사원은 팀장과 상의하여 적당한 PM(프로젝트매니저)를 선정하여 등록하고, PM은 계속해서 PL(프로젝트리더)와 프로젝트팀원을 선정하여 등록한다. 프로젝트팀에 선정된 인원들은 가급적 프로젝트 기간 동안 유지되지만 여러 가지 사정으로 불가피하게 중간에 교체되거나 추가 또는 프로젝트 기간 중간에 투입 완료될 수도 있어서 투입기간을 관리해야 한다. 모든 인원들은 임의의 시점에 하나의 프로젝트에만 투입된다.
>
> 분석을 수행하는 프로젝트팀원들은 요구사항을 수집하여 요구사항관리시스템에 등록한다. 수집된 각 요구내용에 대해 요구ID를 부여하고, 효과적인 관리를 위해 '인프라관련', '애플리케이션관련', 'DB관련', '관리체계관련', '공통' 등으로 요구사항의 적용부문을 구분한다. 각 요구사항에 대해 등록일과 함께 분석자들이 평가한 내용과 대안 등을 기록한 후 고객과 협의를 통해 조정 및 확인을 거쳐 확정일과 우선순위를 등록한다. 어떤 요구사항이 누가 요구한 것인지는 아직까지 고객의 정보가 미흡하므로 부서와 이름을 직접 기술하기로 했다.
>
> 요구사항의 평가에는 요구사항을 구현하는데 따른 리스크관리가 포함된다. 이를 위해 리스크를 도출하여 리스크ID를 부여하고, 리스크명과 내용, 등록일, 대안 등을 관리하며, 효과적인 리스크관리를 위해 리스크등급을 부여할 것이다. 등록된 리스크가 해소되면 해소내용, 해소일을 기록한다. 하나의 리스크는 여러 개의 요구사항과 관련이 있거나 반대로 여러 개의 리스크가 하나의 요구사항과 관련이 있을 수도 있으며, 하나의 리스크는 다시 여러 개의 리스크로 세분될 수도 있다.
>
> 이번에 개발한 요구사항관리시스템은 앞으로 우리 회사의 여러 프로젝트에 적용할 것이다.

[396번 연습 페이지]

397 아래 내용의 업무 요건을 충족하는 최적의 표준화 정의서 및 논리 데이터 모델을 제시하시오.

아 래

우리 회사는 육류가공식품을 생산하는 업체로 육류가공을 위한 제법 큰 규모의 공장을 운영하고 있다. 우리는 많은 설비들을 24시간 가동하여 제품을 생산하고 있으며, 설비가 고장나지않도록 관리부서를 지정하여 운영하면서 고장 발생 시 공무부서로 즉각 작업의뢰를 한다.

작업의뢰는 굳이 해당 설비의 관리부서가 아니라도 의뢰할수 있으며, 이와 관련하여 언제, 어느 부서에서 어떤 설비에 대해 무슨 내용으로 의뢰한 것인지를 관리해야 한다. 작업의뢰는 사안에 따라 긴급의뢰와 일반의뢰로 구분할수 있는데, 고장 발생으로 긴급 복구가 필요한 경우는 고장발생일시와 함께 긴급의뢰로, 일반적인 개선에 대한 요청일 때는 일반의뢰로 요청을 하도록 하고 있다.

관리 대상인 설비는 설비번호를 부여하여 설비명, 모델명과 함께 관리하고 있으며, 해당 설비에 대해 구입처, 제작업체, 설치업체, 수리업체 등을 관리 하여야 한다. 이들 설비관련업체는 종류별로 하나 이상일 수 있다. 이와 관련하여 우리는 이들 업체들에 고객번호를 부여하녀 관리하고 있다. 이 업체들 중에는 법인도 있고 개인사업자도 있으며, 이들에 대해 사업자 번호, 대표자명, 주소, 연락전화번호 등을 관리하고, 법인인 경우는 업체명도 관리하고 있다.

의뢰된 작업은 사안에 따라 몇 개의 의뢰를 묶어서 한 번의 작업으로 처리하거나 몇 개의 작업으로 분할하여 처리할수 있다. 공무부서들은 의뢰 내용을 판단하여 자체적으로 작업하기도 하고, 외주공사로 처리하기도 하여, 작업실적에 대한 작업주체는 공무부서 중 하나이거나 외부의 수리업체 일 수도 있다. 작업실적을 관리하기 위해 작업번호를 부여하고, 작업명과 조치내용, 작업시작일이와 종료일시를 관리하며, 자체작업인 경우는 어느 부서가 작업했는지를 관리하고, 외주공사인 경우는 수리업체와 함께 외주공사에 대한 투자코드가 있으면 이것도 관리한다. 외주공사에 대한 수리업체는 대상 작업에 포함된 설비에 따라 하나 이상일 수 있으나 편의상 대표로 하나의 업체만 선정하여 관리하고, 나머지 업체는 선정된 업체가 알아서 관리하여 작업을 수행하도록 하고 있으며, 외주공사를 맡기는 수리업체는 법인에 국한하고 있다.

[397번 연습 페이지]

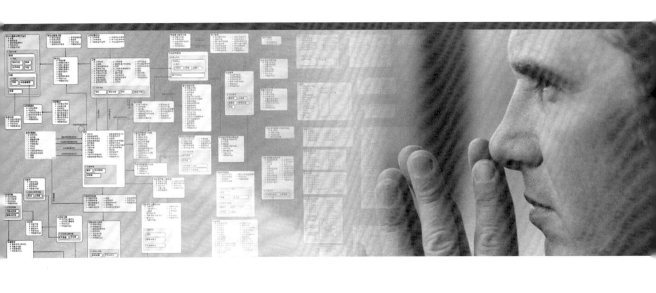

정답 및 문제풀이

1 정답 ④

EA 도입의 일반적인 목적은 IT 투자 효과를 높이고 IT 통합성, 상호운용성 등을 제고하는 것이지만 실제 목적은 기업의 특성이나 기업의 상황에 따라 다를 수 있다. 예를 들면, 기업이 최근에 신시스템을 구축한 경우와 신시스템 구축을 계획하고 있는 경우는 EA 도입 목적이 다를 수 있다. 따라서 "모든 기업은 EA 도입의 핵심 목적으로 통합성과 상호운영성을 설정한다."는 내용은 맞지 않다.

2 정답 ①

'IEEE Std. 1971'에서 정의한 아키텍처의 3가지 구성요소는 원칙(Rule), 모델(Model), 계획(Plan) 등이다. 사람(Human)은 아키텍처를 수립하고 활용하는 중요한 주체이지만 아키텍처의 3가지 구성요소에는 포함되지 않는다.

3 정답 ①

전사(Enterprise)의 범위는 기업의 규모나 구조에 따라 달라질 수 있다. 대규모 기업은 여러 개의 전사로 구성될 수 있으며, EA 수립 목적에 따라 그 범위를 기업 전체로 할 수도 있고 특정 전사로 한정할수도 있다. 전사는 기업이나 기관과 동일한 범위가아닐 수 있다. 따라서 "엔터프라이즈는 기업이나 기관과 동일한 의미이다", 라는 내용은 맞지 않다.

4 정답 ②

전사(Enterprise)는 하나의 기업(또는 기관)과 정확히 일치하지 않을 수 있다. 예를 들어, 기업의 규모가 크거나 각기 상이한 사업영역을 보유하고 있는 경우에는 하나의 기업이 여러 개의 전사로 구성될 수 있다.

5 정답 ②

DAP가 기업이 필요로 하는 최적의 데이터아키텍처를 정의하기 위해서는 전사아키텍처(EA, Enterprise Architecture)에 대한 이해가 필수적이다. EA 프로젝트가 추진되면 DAP도 함께 참여하는 것이 바람직하며 직접 프로젝트팀에 합류

하지 않더라고 추진되는 EA 프로젝트에 대해 지속적인 관심을 가지고 적극적인 지원을 할 필요가있다. 그리고 구축된 EA 정보를 확인하고 데이터 관련 업무 수행 시에 이를 준수해야 한다.

6 정답 ④

'TOGAF'에서는 아키텍처 개발 프로세스의 관점으로 보아서 아키텍처 매트릭스를 별도로 제시하지 않고 있다. 계획자, 소유자, 설계자, 개발자 등의 관점으로 구분한 아키텍처 매트릭스는 미국 재무성 프레임워크(TEAF) 또는 한국전산원 프레임워크에서 제시하고 있다.

7 정답 ③

아키텍처 매트릭스는 기업의 특성에 따라 다르게 정의될 수 있다. 뷰는 기업이 관리하고 있는 정보의 유형에 따라 달라지고, 관점은 의사결정 유형에 따라 달라질 수 있다. 공공기관과 일반기업의 의사결정 유형은 차이가 있을 것이며 이는 아키텍처 매트릭스의 구성을 달라지게 할 것이다.

8 정답 ③

기술 참조모델의 활용도가 가장 높다.

9 정답 ②

개념 데이터 모델은 전사 수준의 모델이기 때문에 속성 수준까지 도출할 필요가 없으며 주제영역이나 핵심 엔터티 정도까지만 도출하는 것이 일반적이다. 경우에 따라서는 주식별자 정도를 도출하는 경우도 있지만 일반 속성까지 도출하는 경우는 없다.

10 정답 ④

비즈니스 아키텍처(Business Architecture)는 기업의 경영목표를 달성하기 위해서 업무구조를 정의한 아키텍처 영역으로써 업무, 서비스 등의 실체를 명확히 하는 것이다. 애플리케이션 아키텍처(Application Architecture)는 기업의 업무를 지원하는 전체 애플리케이션을 식별하고 애플리케이션 구조를 체계화하는 것이다. 데이터아키텍처

(Data Architecture)는 기업의 업무 수행에 필요한 전체 데이터의 구조를 체계적으로 정의하는 것이다. 그러나 기술 아키텍처(Technical Architecture)는 비즈니스, 데이터, 애플리케이션 등의 아키텍처에서 정의된 요건을 지원하는 전사의 기술 인프라 체계를 정의하는 것이다.

11 정답 ①, ③

기술 참조모델은 다른 참조모델에 비하여 구축하기가 쉽고 활용효과가 커서 가장 먼저 적용되고 있는 영역이다. 기술 참조모델은 서비스 영역으로 분류되고 서비스 영역은 다시 하위 수준의 범주로 구성된다. 기술아키텍처의 경우와 다른 아키텍처와 달리 개별 기업에서도 기술 참조모델을 정의하여 사용하는 것이 일반적이며 기술 참조모델을 적용하면 상호운영성을 향상시킬 수 있다.

12 정답 ①

IT 관리체계 프로세스는 전사아키텍처(EA, Enterprise Architecture) 프로세스 보다 포괄적인 개념이다. 전사아키텍처 프로세스는 IT관리 프로세스에서 EA 정보를 활용할 수 있는 체계를 정의하는데 초점을 맞춘다.

13 정답 ④

참조모델은 아키텍처 도메인이나 참조하는 기업의 특성에 따라 다양할 수 있다. 서비스 참조모델은 시스템간의 상호운영성과 시스템 변화에 대한 대응 속도를 개선시키며, 업무 참조모델은 관련 기관간 업무 흐름을 촉진하고 개선의 대상이 되는 업무를 보다 쉽게 파악할 수 있게 한다. 또한 기술 참조모델은 전사 IT 인프라의 표준화를 가능하게 하여 특정 벤더로부터 독립성을 제고할 수 있게 한다. 즉, 벤더 독립성은 기술 참조모델에 의하여 달성될 수 있는 효과이다.

14 정답 ③

데이터 참조모델의 활용방안으로 개선 대상이 되는 관련 데이터를 데이터 참조모델을 통하여 파악할 수 있으며, 개별 기관의 데이터아키텍처(Data Architecture)를 데이터 참조모델을 참조하여 정의할 수 있다. 데이터 참조모델의 활용효과는 기관 간의 정보 상호운용성과 정보 교환 촉진할 수 있으며 데이터의 재사용을 증대시킨다. 그러나 기업에 적합한 DBMS의 선택 기준을 제공하는 것은 데이터 참조모델의 활용효과이기 보다는 기술 참조모델과 표준프로파일의 활용효과로 보는 것이 타당하다.

15 정답 ②

EA 프로세스는 일반화되어 있는 방법론이 있다. 하지만 EA를 도입하고자 하는 기업의 목적이나 상황에 따라 달라 질 수 있다. 예를 들면, 최근에 신시스템을 기 구축한 기업과 신시스템을 구축할 예정에 있는 기업은 EA 구축 프로세스가 달라질 수 있다. 최근에 신시스템을 구축한 기업이 EA 수립 시에는 현행 아키텍처의 정의에 집중하는 것이 바람직하고 신시스템을 구축할 예정에 있는 기업의 경우 목표 아키텍처 정의에 집중하는 것이 바람직 할 것이다.

16 정답 ②

기술 참조모델은 상대적으로 구축하기 쉽고 기대효과가 커서 가장 먼저 적용하는 영역이다. 기술 참조모델은 시스템 간의 상호운용성 증대를 위해서 기술표준을 강조한 구조를 가지고 있다. 기술 참조모델의 수립은 시스템 구축을 할 때 사용할 기술에 대한 표준 프로파일을 분류하는 기준으로 활용된다. 그러나 기술 참조모델은 다른 참조모델과 달리 개별 기업에서도 기술 아키텍처(Technical Architecture) 구성요소들의 표준화를 위해서 정의하여 사용하는 것이 일반적이다.

17 정답 ①

EA 구축 방향 정의는 EA 목적 및 범위 정의, EA 비전 수립, EA 프레임워크 정의 등을 포함한다. 이행계획 수립은 EA 정보 구축 후에 목표 아키텍처로 어떻게 이행할 것인가 계획을 수립하는 것으로 EA 프로젝트 종료 시점에 수행되는 과제라고 할 수 있다.

18 정답 ③

계획자 관점은 아키텍처를 전사 차원의 최상위 수준에서 보는 것이고, 책임자 관점은 아키텍처를 업무전문가나 업무분석가 차원에서 보는 것이고, 설계자 관점은 아키텍처를 시스템이나 컴포넌트를 설계하는 차원에서 보는 것이고, 개발자 관점은 아키텍처를 시스템이나 컴포넌트를 실제 개발하는 차원에서 보는 것이다.

즉, 상기에서 기술된 관점은 책임자가 정의한 업무모델을 바탕으로 시스템을 설계하는 설계자 관점이라고 할 수 있다.

19 정답 ②, ④

EA 정보 구성요소와 EA 산출물은 다르다. EA 정보 구성요소는 EA 정보를 구성하는 기초 단위라고 할 수 있으며, 산출물은 여러 개의 EA 정보 구성요소로부터 도출된 복합적인 정보라 할 수 있다. 또한 EA 정보는 기업의 IT관리 능력을 고려하여 적정 수준으로 정의하고 관리하는 것이 투자대비 효과를 높게 한다. 그러나 관리할 EA 정보를 무조건 상세하게 정의한다고 효과가 있는 것은 아니다. 지나치게 상세한 산출물을 정의해 놓고 제대로 관리할 수 없다면 오히려 비용이 증가하여 역효과만 있을 것이다. EA 정보는 가능하다면 변화하지 않는 구성요소를 정의하는 것이 바람직하며, EA 정보 구성은 아키텍처 매트릭스를 통하여 정의되고 표현된다.

20 정답 ④

업무 참조모델을 활용하면 개선의 대상이 되는 업무를 보다 쉽게 파악할 수 있고 관련 기관 간의 업무흐름을 촉진할 수 있다. 데이터 참조모델을 활용하면 정보의 상호교환을 촉진하고 데이터의 중복을 배제하며 재사용을 촉진할 수 있다. 서비스 참조모델을 활용하면 신뢰성 있는 시스템을 구축할 수 있고 시스템 개발의 생산성과 품질 향상을 기대할 수 있다. 기술 참조모델을 활용하면 시스템 간의 상호운용성 향상과 표준화에 따른 벤더 독립성을 제고할 수 있다.

21 정답 ②

아키텍처 도메인은 일반적으로 업무, 애플리케이션, 데이터, 기술 등의 아키텍처들로 구성되지만 기업이 관리하고자 하는 정보유형에 따라 얼마든지 다르게 정의할 수 있다. 예를 들면, 범정부 아키텍처 매트릭스는 '보안' 아키텍처를 추가로 정의하고 있다. ①, ③, ④은 모두 아키텍처 매트릭스 정의 시에 고려해야 할 사항으로 타당한 내용이다.

22 정답 ②

목표 비즈니스 아키텍처(BA, Business Architecture)는 기업의 미래 비전을 달성하기 위한 정의를 포함하고 비즈니스 아키텍처의 수준에 따라 데이터 및 애플리케이션 아키텍처 수준이 결정되므로 BA를 먼저 정의하고 BA를 효율적으로 지원하는 아키텍처를 정의하는 것이 바람직하다.

23 정답 ④

EA 정보 구축은 아키텍처 매트릭스에서 정의한 대로 수행하는 것이 원칙이다. 현재는 관리되고 있지 않을지라도 아키텍처 매트릭스에서 관리하기로 정의되었다면 해당 산출물을 추가로 작성하는 것이 타당하다.

24 정답 ④

각 아키텍처 도메인은 상호 간에 연계성을 가져야 한다. 비즈니스 아키텍처(Business Architecture)에서 정의된 산출물은 상호연관성을 가지며 데이터아키텍처(Data Architecture), 애플리케이션 아키텍처(Application Architecture), 기술 아키텍처(Technical Architecture) 등에 반영하고 전사 차원에서 통합적인 아키텍처 관리가 이루어지도록 해야 한다.

25 정답 ③

EA 정보는 현행 아키텍처와 목표 아키텍처 모두를 아키텍처 매트릭스에서 정의한 기준으로 구축하는 것이 바람직하다. 만약 현행과 목표 산출물 차이가 크다면 아키텍처 매트릭스는 이를 포괄적으로 수용할 수 있는 방식으로 매트릭스를 정의해야 할 것이다.

26 정답 ①

현행 아키텍처는 현재의 업무와 정보시스템 등의 기존 자료를 분석하여 전사아키텍처(EA, Enterprise Architecture) 정보를 구축한다. 그러나 EA 정보는 현행 아키텍처이든 목표 아키텍처이든 아키텍처 매트릭스에서 정의한 기준으로 정보를 구축하는 것이 타당하다.

27 정답 ④

복표 아키텍처는 비용대비 효과를 고려하고 비즈니스와 기술환경 변화에 대한 유연성을 확보하기 위해 EA 도입 초기에는 상위 수준(개념 수준 정도)까지만 정의하는 것이 바람직하다.

28 정답 ①

아키텍처 정보를 공유할 수 있어서 해당 조직의 이해관계자들이 각 아키텍처 요소를 정확하게 파악할 수 있다. 또한 의사소통 도구로써 전사아키텍처(EA, Enterprise Architecture) 관리시스템을 활용할 수 있으며 의사결정 도구로 활용할 수도 있다. EA 관리시스템은 EA 정보를 모델링하는 정보 정의 도구 영역과 EA 정보를 저장 관리하는 정보 관리 영역, EA 정보 활용 영역을 모두 포함한다.

29 정답 ④

EA 관리체계 정착을 위해 ①, ②, ③ 내용이 모두 필요한 사항이다. 그렇지만 ④는 적절치 않는 내용이다. EA 도입의 효과를 극대화하기 위해서는 EA 정보를 구축할 때부터 변화관리를 계획하고 추진하는 것이 바람직하다.

30 정답 ②

효과적인 전사아키텍처(EA, Enterprise Architecture)의 관리체계를 구축하기 위해서는 정의된 EA 조직체계, 프로세스체계 등을 문서화하여 전 조직이 준수할 수 있도록 제도화해야 한다.

또한 EA 관리체계를 주기적으로 점검하여 개선점을 도출하여 반영할 수 있는 제도적 장치를 마련해야 한다. 아울러 EA 관리시스템을 활용도와 만족도를 주기적으로 점검하여 시스템의 품질을 지속적으로 개선해 나가야 한다. 또한, EA 관련 제반 이해당사자들의 EA 인지도 향상 및 업무수행 시에 EA 정보 활용도 증진을 위해서 적절한 교육 프로그램을 제공하는 것이 바람직하다. 그러나 EA 관련 제반 이해당사자들에게 지속적으로 선진 참조모델에 대한 교육을 필수 사항이라고 할 수는 없다.

31 정답 ①

EA 관리를 위해서 별도로 조직을 구성할 수 없는 중소 규모의 IT 조직에서는 반드시 전담조직을 운영할 필요는 없다. EA 관리 운영위원회(또는 TFT) 중심으로 EA 관리 조직을 정의하고, EA 전담 인력을 양성하는 것도 대안이다.

32 정답 ③

구축된 전사아키텍처(EA, Enterprise Architecture) 정보를 담당하는 전담 조직이 없다면 EA 정보는 하나의 문서에 불과하다. 현업과 IT 조직 간의 의사소통 문제가 있을 경우에는 현업의 요건을 종합적으로 관리하는 조직을 추가로 정의할 필요가 있고 EA 관리체계 정착을 위해서는 현업부서도 EA를 이해하고 EA 정보를 활용하며 IT 혁신에 대한 적극적인 의견을 제시할 필요가 있다. 또한 EA 관리조직 체계는 EA 관리를 위해 필요한 직무 간의 관계, 업무분장을 정립하는 것이며, EA 조직은 기업 전체 또는 정보관리 전체 조직과 일관성을 확보해야 한다.

33 정답 ②

EA 관리시스템의 핵심 구성요소는 EA 정보를 생산하는 모델링 도구, EA 정보를 저장 관리하는 EA 레파지토리, EA 정보를 활용하는 EA 포탈 등이다. EA 프로젝트 관리도구는 초기 EA 구축 프로젝트를 추진할 때 사용할 수 있는 도구가 될 수 있지만 EA 관리시스템의 핵심 구성요소는 아니다.

34 정답 ②

IT 기획 관리 : 업무 프로세스 혁신, 정보화 계획 수립

IT 구축 관리 : 프로젝트 계획, 시스템 개발

IT 운영 및 통제 : 시스템 운영, IT 통제

35 정답 ①

②, ③, ④의 내용은 모두 EA 정보가 효과적으로 활용되기 위해서 필요한 사항이다. 특히 ③번의 경우에는 A기업이 대규모 기업임으로 EA 전담 조직이 꼭 필요하다고 할 수 있다. EA 관리시스템은 자체 구축하는 방안과 패키지의 도입하는 방안이 있을 수 있는데 두 방법 모두 나름대로 장·단점을 가지고 있어서 일방적으로 EA 시스템을 자체로 구축해야 한다고 판단할 수는 없다. 즉, EA 관리시스템은 반드시 자체로 구축해야 하는 것은 아니다.

36 정답 ④

전사아키텍처(EA, Enterprise Architecture) 정보를 효과적으로 활용하기 위해서는 EA 정보 자체의 품질이 보장되어야 하며 현행 및 목표 시스템의 아키텍처 정보가 항상 최신의 상태로 유지해야 한다. 또한 EA 정보를 관리하고 적용을 통제할 수 있는 전담 조직이 구성되고 운영되어야 하며 EA 정보를 전사적으로 공유하고 활용할 수 있는 절차와 시스템이 필요하다. 그러나 EA 정보 관리시스템을 반드시 패키지로 도입해야만 효과적인 것은 아니며 기업의 환경에 따라 자체로 구축할 수도 있다.

37 정답 ②

데이터아키텍처 전문가는 DA 원칙, DA 정보, DA 관리 등 데이터아키텍처 전반에 대해서 관심을 두고 관련 업무를 수행해야 한다. 즉, 데이터아키텍처 정보 뿐 아니라 정보를 효과적으로 유지하기 위한 원칙과 관리체계에 대한 업무도 수행해야 한다.

38 정답 ①

전사아키텍처(EA, Enterprise Architecture) 정보의 상시 활용을 통하여 정보화 계획 수립, 시스템 개발, IT 통제 등을 효과적으로 수행할 수 있다. 그러나 기업전략 수립에 활용하는 것을 EA 구축의 근본 목적이라고 보기에는 무리가 있다.

39 정답 ③

EA와 데이터아키텍처 간의 3가지 통합성은 범위 통합성(EA 범위 전체에 대한 각 모델 내의 불일치성을 제거), 수평 통합성(관련된 도메인간의 불일치성을 제거), 수직 통합성(관련된 관점간의 불일치성을 제거) 등이다. 현행 아키텍처와 목표 아키텍처의 불일치성을 제거하는 것은 이행계획에 대한 것이다.

40 정답 ①

아키텍처 매트릭스는 전사 아키텍처의 정보를 체계적으로 분류한 틀로서, 기업이 관리하려고 하는 전사 아키텍처 정보의 수준과 활용계층을 결정하는 수단이 된다. 아키텍처 매트릭스는 관점에 따라, 계획자, 책임자, 설계자, 개발자로 구분되며, 뷰에 따라 비즈니스, 애플리케이션, 데이터, 기술 아키텍처로 분류된다. 데이터 아키텍처는 계획자 관점에는 전사 데이터 영역 모델 및 데이터 원칙, 책임자 관점에는 개념 데이터 모델, 데이터 표준, 설계자 관점에는 논리 데이터 모델, 개발자 관점에는 물리 데이터 모델, 데이터베이스 객체가 포함된다.

41 정답 ②

정보분석서는 대상이 되는 시스템 분석을 분석한 후 결과를 정리한 문서이다. 정보 목록은 취합된 요구 사항을 목록화 한 것이나 어떤 프로그램을 목록화 한 것이다. 정보 항목 분류표는 정보 요구 사항에 포함된 항목을 분류한 것이다.

42 정답 ②

보안 개선 요건에 대한 관리 기준은 불가변성(향후에 재 변경 되지 않도록 근본적인 개선 방안인지 여부), 실현 가능성(현행 기술 수준과 서비스 특성을 고려하여 구현 가능 여부) 등이다. ②번에서 제시한 측정가능성은 성능 개선 요건에 대한 관리기준에 해당한다.

43 정답 ③

세 가지 문서에 비해 상대적으로 현행 업무처리 매뉴얼은 적당한 문서가 아닙니다. 세부 분석단계에 있어서 개별 업무를 정확하게 이해하기 위해서는 꼭 필요한 문서이나 초기에 정보 요구 사항을 수집하기에는 세 가지 문서에 비해 부적절하다.

44 정답 ②

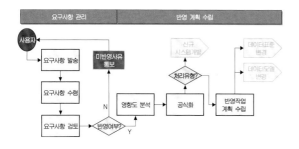

정보 요구 사항 관리 절차는 정보요구사항 발송 -〉 정보요구 사항 수렴 -〉 정보요구사항 검토 -〉 영향도 분석 -〉 공식화 -〉 반영작업계획 수립 순으로 진행된다.

45 정답 ④

정보 요구 사항에 대한 표준화는 다른 세 가지에 비해 반드시 필요한 절차는 아니다.

46 정답 ②

P과장에게 접수한 요건은 사용자 인터페이스 성능을 개선해 달라는 시스템의 성능에 관한 요건으로 분류 할 수 있다. 따라서 업무담당자 보다는 시스템의 하드웨어를 담당하는 쪽으로 할당하는 것이 바람직하다.

47 정답 ④

타이-다운(Tie-down)은 어떤 사항에 대한 승인이나 동의, 사고, 현안점검 등에 대한 반응을 조사하는 질문을 말합니다. 대안진보(Alternate Advance)는 선택사항을 제시하고 어떤 사실을 확인하는데 사용되는 질문입니다. 포커핀 또는 부메랑(Porcupine or Boomerang)은 대안의 그래프가 포커핀과 유사하여 이름지어진 질문법이며, 부메랑은 어떤 질문에 대하여 질문으로 응답하는 방식을 말한다. 노미날 그룹은 정보수집법의 일종이다.

48 정답 ①

①번에서 기술한 정보시스템의 관리 수준, 문제점, 현안 등을 파악하는 목적은 전산 부서 면담 수행 목적에 해당한다. 사용자 면담 실시는 크게 경영층 면담, 현업부서 면담, 전산부서 면담으로 구성되며, 각 이해관계자별로 조사내용 및 수행 목적도 상이하다.

49 정답 ②

전체적인 프로그램이나 데이터베이스 관리요소에 대한 이해를 하고 있고, 표준절차에 따라 수행이 가능한 데이터아키텍처 담당자가 다른 사람들 보다는 가장 적합하다.

50 정답 ③

현행 시스템과 대응되는 전산출력 의뢰서는 수집할 필요가 없다. 만약 필요하다면 전산출력의뢰서가 아닌 전산처리의뢰서가 되어야 한다. 왜냐하면 비록 현 구매시스템에 대부분 반영이 되어 있겠지만 사안이 커서 현재 반영 중인 것과 아직 미반영된 것들이 있을 수 있기 때문이다.

51 정답 ③

개발요건에 대한 테스트 및 검증은 데이터아키텍처 담당자의 역할보다는 요구 사항을 직접 개발하는 담당자나 개발자의 역할로써 더 적합하다.

52 정답 ③

면담 진행 과정에서 주제 범위를 벗어날 경우에는 주의를 환기시켜야 한다. 이 역할은 관찰자의 역할이다.

53 정답 ①

이해당사자 및 부서가 있는 경우에는 워크샵이 정

해진 장소에서 같은 주제를 가지고 부서간에 심도 있게 토의할 수 있어서 다른 조사 기법보다 효과적이다.

54 정답 ④

면담팀은 프로젝트 수행팀이기 때문에 관리자나 후원자의 추천을 받아 선별할 필요가 없다. 후원자나 관리자의 추천이 필요한 것은 면담 대상자 선별시이다.

55 정답 ④

기업의 경영환경을 분석하고 정리하기 위해서는 처해있는 시장환경, 경쟁자, 강점과 약점, 위협과 기회 등을 정확하게 조사하여야 한다. Activity 분석기법은 기업차원의 데이터 모델을 도출하는 방법이라고 할 수 있다.

56 정답 ①

화폐가치 산출법을 적용하는 할 때는 각각의 정보 요구 사항이 다른 정보 요구 사항에 영향도를 평가하여 1점부터 5점까지의 점수를 부여한다.

57 정답 ①

업무에 대한 전체적인 이해가 있고 이를 통해 문제점이나 요구 사항을 도출할 수 있는 사용자를 면담 대상자로 선정하는 것이 가장 효율적이다.

58 정답 ②

정보 요구사항 수집 기법 중에 면담을 수행할 때 고려사항은 면담시간준수, 비밀보장, 기대수준 설정, 면담 범위 준수, 적절한 대상자 선정, 질문에 대한 응답 유도, 면담 내용 문서화, 잘못된 선입견의 배제 등이다. 또한 면담 결과의 작성은 전문가의 의견을 이용하기보다는 면담자와 추가적인 의견을 나누고 이를 공유해서 대안을 작성하는 것이 효율적이다.

59 정답 ④

가치사슬 분석, 전문성에 의한 분해, 생명주기에 의

한 분해 등은 모두 기업의 활동을 본원적 활동과 지원활동으로 분류하고 체계화하기 위한 기법이다.

60 정답 ④

면담팀은 프로젝트 수행팀이기 때문에 관리자나 후원자의 추천을 받아 선별할 필요가 없다. 후원자나 관리자의 추천이 필요한 것은 면담 대상자를 선별하는 시기이다.

61 정답 ①

매트릭스 및 CRUD 분석방법은 정보 요구의 도출이 정확하게 되었는지 검증하는 기법이며, ④번의 상대적 중요도 산정방법은 부여된 가중치를 이용하여 중요도를 산정하는 방법이다.

62 정답 ①

L부장이 사용한 우선순위 분석 방법은 상대적 중요도 산정방법이다. 화폐가치 산출법과 상대적 중요도 산정법이 이론적으로는 정리되어 있으나 실제 프로젝트에서는 프로젝트 특성을 감안하여 몇 가지 변수를 고려하여 적용하고 있다.

63 정답 ④

유용성(문서의 활용가능성 여부), 완전성(문서 내용의 누락 여부), 정확성(문서 내용과 현재 시스템의 일치 여부), 유효성(문서의 최신 내용 반영 여부) 등에 대한 기준이다.

64 정답 ④

문서의 적시성은 검토 기준이 아니며 추가적인 사항은 유효성이다. 최신 버전으로 문서가 현재 시스템과 일치하는지에 대한 검토이다.

65 정답 ①

응집도(Cohesion)란 하나의 프로세스가 해당 업무 고유의 기능을 효과적으로 처리할 수 있는지에 대한 정도이고, 결합도(Coupling)란 하나의 프로세스가 다른 계층의 업무 활동과의 연관되어 있는지를 나타내는 정도이다. 따라서 프로세스 계층도는 응집도가 높고 결합도가 낮을수록 분석의 복잡도 및 모호성이 감소된다.

66 정답 ③

프로세스별로 CRUD 분석을 실시하는 것은 필요가 없다. 만약 필요하다면 프로세스 및 요구사항 또는 프로세스 및 조직 등과 같은 주체를 기본으로 실시하며 시점 또한 요구 사항을 상세화하는 단계에서 실시하지 않고 검증단계에서 실시한다.

67 정답 ②

다른 기법 보다는 유즈케이스 다이어그램 분석을 통해 보다 쉽게 사용자의 요구 사항을 파악할 수 있다.

68 정답 ④

①, ②, ③번은 품질보증팀(또는 외부감리)에 의해 상관분석이 수행될 경우에 장, 단점에 해당한다.

69 정답 ④

유즈케이스 다이어그램의 구성요소는 액터(Actor), 유즈케이스(Usecase), 액터(Actor)와 유즈케이스 관계 등의 세가지가 있다.

70 정답 ④

분석대상 결과 산출물에 대한 리뷰(Review) 기준은 완전성(사용자의 정보요구사항이 누락됨이 없이 모두 정의되었는지 확인), 정확성(사용자의 정보요구사항이 정확히 표현되었는지의 여부), 일관성(표준화 준수여부 확인), 안정성(추가 정보 요구 사항 변경에 따른 영향도 파악) 등이다.

71 정답 ②

분석대상 결과 산출물에 대한 리뷰(Review)기준은 완전성(사용자의 정보 요구 사항이 누락됨이 없이 모두 정의되었는지 확인), 정확성(사용자의 정보 요구 사항이 정확히 표현되었는지의 여부), 일관성(표준화 준수여부 확인), 안정성(추가 정보 요구 사항 변경에 따른 영향도 파악) 등이다.

72 정답 ④

업무기능/조직 대 정보항목 상관분석에서 정보항목 값의 변경 없이 검색만 하는 경우에는 'U(Use)'로 표시한다.

73 정답 ①

정보 요구 사항과 기본 프로세스의 상호 연관 관계를 C(Create), R(Read), U(Update), D(Delete)로 나타내는 CRUD 매트릭스를 통해 정보 요구 도출의 완전성을 검증한다.

74 정답 ③

'교육신청 변경관리'에서 가능한 액션은 U(Update), D(Delete), R(Read)이며, C 〉 D 〉 U 〉 R 순으로 우선순위를 고려하면 D(Delete)가 올바르다.

75 정답 ③

매트릭스의 각 셀에는 기본 프로세스가 사용하는 정보항목에 대한 액션이 생성(C), 조회(R), 수정(U), 삭제(D)로 표현되는데, 복수의 액션이 발생할 경우에는 C 〉 D 〉 U 〉 R의 우선순위에 따라 하나만을 기록하도록 한다.

76 정답 ④

정보항목의 범위가 너무 크기 때문에 7개 이상의 기본 프로세스에서 사용되는 경우에는 정보 항목의 세분화가 필요하다.

77 정답 ④

'교육일정' 정보항목이 불필요하게 도출되었는지 아니면 사용하거나 생성하는 프로세스가 존재하는데 도출되지 않았는지를 검토해야한다.

78 정답 ④

재고항목이 불필요하게 도출되었는지 아니면 사용하거나 생성하는 프로세스가 존재하는데 정보항목이 누락되었는지를 검토해야 한다.

79 정답 ①

'문의접수사항', '문의접수진행', '문의해결' 항목은 정보항목이 생성만 되고 사용되는 곳이 없으므로 기본 프로세스가 누락되어 신규 프로세스의 도출이 필요한지 검토한다.

80 정답 ④

정보항목을 생성하는 기본 프로세스가 없는 경우에는 기본 프로세스의 도출, 정보항목 삭제, 해당 업무영역으로 이동 등의 조치사항이 존재한다.

81 정답 ③

③번이 데이터 표준화에 대한 일반적인 정의로 가정 적합하며, 기타 사항은 세부 요소별 정의에 더 적합하다.

82 정답 ③

전사(Enterprise) 표준화 수립을 통해 일관성 있고 명확히 표준화된 명칭을 재사용함으로써 시스템에 대한 이해(Readability)를 향상시켜 시스템 운용 및 개발생산성이 증가한다.

83 정답 ②

데이터 명칭은 현업에서 활용하는 업무적 용어를 정보시스템 구현에 활용함으로써 상호간의 의사소통을 명확히 할 수 있어야 한다. 따라서 특별한 경우를 제외하고는 기술적인 명칭을 별도로 사용하지 말고 업무적인 용어로 통일한다.

84 정답 ④

데이터 표준관리 시스템 도입 시 시스템의 확장성, 유연성, 편의성 관점에서 충분한 검토가 이루어 져야 한다.

85 정답 ①

한글명 복수 개의 영문명을 허용할 경우, 해당 용어를 데이터베이스에 반영할 때 어떠한 물리명을 써야 할 지에 대한 판단이 불가능하기 때문에 하나의 한글명에 대해서는 반드시 하나의 영문명만 허

용하도록 한다.

86 정답 ④

특수 데이터 타입(CLOB, Long Raw 등)은 데이터 조회, 백업, 이행 등을 수행하는데 제약사항이 많이 존재하기 때문에 표준 데이터 타입으로 적절하지 않다.

87 정답 ③

기본 값을 정의함으로써 값이 없을 때에는 사용자로부터 아무 입력이 없으면 자동적으로 사전에 정의된 값으로 입력되게 하여 사용자의 편의성을 도와줄 수 있다.

88 정답 ①

기술적 명칭을 별도로 구별하여 사용하지 말고 가능하다면 의사소통이 원활한 업무적 명칭을 사용하는 것을 권장한다. 기술적 명칭은 전산시스템을 위한 것으로 이해하고 가급적 사용하지 않는 것이 좋다.

89 정답 ④

도메인 유형은 표준 도메인의 상위 개념으로 칼럼에 적용하고자 정의하기 보다는 표준 도메인의 유형을 효과적으로 분류하기 위해 정의한다. 따라서 칼럼에 동일한 형식을 부여하기 위해 사용하는 표준화는 도메인이다.

90 정답 ②

데이터베이스 관리자(DBA, Database Administrator)는 데이터의 정합성 검증을 통해서 데이터 품질을 확보하는 반면에, 데이터 관리자(DA, Data Administrator)는 데이터 표준의 정의 및 적용을 통해서 데이터 품질을 확보한다.

91 정답 ③

DBMS마다 길이제약이 있기 때문에 표준 단어에서 영문 약어명의 허용길이를 제한함으로써 용어의 물리명 길이를 최소화할 수 있다. 또한 표준화를 위해 수 많은 동음이의어, 이음동의어에 대한 처리방안이 필요하며, 동음이의어일 경우 어느 의

미를 나타내는지를 명확하기 위해서 표준 단어에 대한 정의를 정확히 기술해야 한다. 그러나 데이터 형식은 표준 단어와는 관련이 없다.

92 정답 ②

데이터 표준화 수립 절차는 크게 요구 사항 수집, 표준 정의, 표준 확정, 표준 관리 순으로 이루어지며, 각 절차별 주요 활동은 아래와 같다.

아 래

구분	주요 활동
데이터 표준화 요구사항 수집	·개별 시스템 데이터 표준 수집 ·데이터 표준화 요구사항 수집 ·표준화 현황 진단
데이터 표준 정의	·표준화 원칙 ·데이터 표준 정의 - 표준용어, 표준단어, 표준도메인, 코드, 기타 표준
데이터 표준 확정	·데이터 표준 검토 및 확정 ·데이터 표준 공표
데이터 표준 관리	·데이터 표준 이행 ·데이터 표준 관리 절차 수립 - 데이터 표준 적용, 변경, 준수검사 절차

93 정답 ③

데이터 표준화로 인한 인터페이스 시에 변환 및 정제를 위한 시간은 감소한다.

94 정답 ④

기본값을 사전에 정의함으로써 사용자가 별도의 값을 입력하지 않은 경우에 정의된 기본값이 적용되어 사용자의 불편함을 덜어주고, 아울러 데이터의 표준화 및 품질차원에서 효과를 얻을 수 있다.

95 정답 ③

표준 용어는 기존 업무 용어를 토대로 하여 표준 단어 사전에 등록된 관련 표준 단어의 조합으로 구

성하며 속성과 관련된 용어일 경우에는 표준 도메인을 적용하여 데이터 형식을 부여할 수 있다. 그러나 표준 코드의 코드값은 일종의 데이터 값이기 때문에 아무런 상관이 없다.

96 정답 ③

한글명에 대해서 복수개의 영문명을 허용하면 해당 용어를 데이터베이스에 반영할 때 어떤 물리명을 써야할 지에 대한 판단이 불가능하기 때문에 하나의 한글명에 대해서는 반드시 하나의 영문명만 허용하도록 한다.

97 정답 ③

데이터베이스의 성능 개선 방안 수립은 데이터베이스 관리자의 주된 역할이다.

98 정답 ④

데이터 구조는 데이터 표준화 구성요소에 포함되지 않는다. 데이터 구조는 데이터 표준화가 효과적으로 적용되어 최종적으로 산출되는 데이터 모델의 구조이다.

99 정답 ④

데이터 모델 변경 영향도 분석은 애플리케이션 프로그램과 데이터 인터페이스 프로그램 등의 관리를 통해 데이터 모델과 프로그램간의 영향도 분석을 시행하는 메타데이터 시스템의 주요 기능이다.

100 정답 ②

표준 코드 작업에는 개별 업무시스템에서 사용할 코드를 정의하는 것도 포함될 수 있으나 데이터아키텍처(Data Architecture) 담당자가 작업하는 표준 코드 작업은 복수개의 업무 시스템에서 사용하고 있는 서로 다른 코드들을 전사(Enterprise) 차원으로 통합하고 조정하는 작업을 의미한다.

101 정답 ④

관련 프로그램에 대한 영향도 분석이 필요할 수도 있지만, 이미 수립된 정의가 변경될 때에 수행하

는 절차로 더욱 적합하다.

102 정답 ①

이음동의어와 동음이의어 처리는 한글명과 영문명을 전체적으로 검토하게 하고 업무적인 관점에서 부담이 적은 단어를 표준 단어로 선택하도록 한다.

103 정답 ③

표준 코드는 전사에 산재된 코드를 취합하여 통합과정을 거친 전사 표준 코드를 의미한다.

104 정답 ④

코드 15자리를 도메인으로 정의할 수 있다. 그러나 이런 형태로 정의하게 되면 칼럼 타입과 도메인 개수가 동일하게 되어서 관리 및 적용이 비효율적이다. 따라서 대표성만 가지도록 도메인을 부여해야 한다.

105 정답 ④

표준 단어라 가장 작은 최소단위를 의미한다. 고객계좌번호는 표준 용어 정도에 해당되며, 이를 표준단어로 분리 시에는 고객, 계좌번호 등과 같이 분리될 수 있다.

106 정답 ③

ㄴ. 현행 코드 관련 자료 수집
　　현행 코드 목록 수집, 코드값 수집, 코드성컬럼파악
ㄷ. 코드 도메인 분류 및 중복 제거
　　코드를 유형별로 분류, 코드 유사성 코드 목록 추출 및 중복여부 체크, 유사코드 목록 작성 및 데이터값 표준화, 중복코드 제거
ㄹ. 동일의미 코드의 통합
　　유사코드목록을 토대로 표준코드명을 정한 후 분할 및 통합한다.
ㄱ. As-Is 코드와 To-Be 코드매핑
　　As-Is,To-Be 코드ID, 코드 매핑, To-Be 컬럼에 대한 매핑

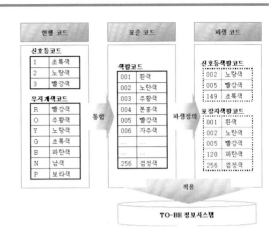

107 정답 ②

접두·접미어를 합성단어로 관리하게 될 경우에는 '미완성', '미지급', '미등록' 등 접두·접미어를 일일이 합성하여 표준 단어로 신규 등록해야 하므로 단어 사전의 단어 갯수가 많아진다.

108 정답 ④

변화하는 업무요건 변경에 대하여 유연하게 대처하지 못하는 문제점은 활용상의 문제라기 보다는 데이터 구조의 문제점으로 볼 수 있다.

109 정답 ①

코드 15자리도 도메인으로 정의할 수 있다. 그러나 이런 형태로 정의하게 되면 칼럼의 타입과 도메인의 갯수가 동일하게 되어 관리 및 적용이 비효율적이다. 가능하면 대표성만을 도메인으로 부여한다.

110 정답 ③

데이터 표준을 확정할 때는 각 데이터 표준별 필수 입력 사항을 체크하고 표준 용어가 표준 단어를 이용하여 제대로 정의되었는지를 점검하며 중복 정의된 유사 데이터 표준의 존재여부를 검토한다. 데이터 표준은 향후 정보시스템에 적용하기 위해서 정의하는 것으로 기존 정보시스템 및 데이터 모델과 비교 검토는 필요 없다.

111 정답 ①

현행 코드를 수집하기 위한 소스로 전부 유용하지

만 수집 후 분석작업에서 가장 용이한 것은 코드만을 별도로 관리하는 테이블을 소스로 하는 것이다.

112 정답 ②

데이터 구조는 데이터 표준화 구성요소에 포함되지 않는다. 데이터 구조는 데이터 표준화가 잘 적용되어 최종적으로 산출되는 데이터 모델의 구조이다.

113 정답 ④

정의된 코드명칭은 표준 용어가 변경됨에 따라 새로운 용어로 다시 생성되어야 하기 때문에 변경 할 때는 영향도 분석에 포함되어야 합니다.

114 정답 ②

변경된 표준을 업무에 적용하는 것은 데이터 관리자(Data Administrator)의 역할보다는 업무담당자의 역할에 보다 적합하다.

115 정답 ③

접두(미)사 에 대한 처리방안 은 표준 단어 지침에 대한 내용에 해당하며, 표준용어 지침 내용에는 데이터 명칭에 대한 구조체계, 한글명/영문명에 대한 허용 길이, 테이블명 / 칼럼명에 사용 시 준수해야 할 특이한 명명규칙, 용어를 칼럼으로 사용할 경우 데이터 형식 표준화에 대한 기준 및 표준 도메인 적용 여부 등을 기술합니다.

116 정답 ②

표준 전산 지침은 비록 표준 용어가 변경되어도 타 문서대비 시스템의 입장에서 해석에 무리가 없으면 변경이 필요없는 문서이다.

117 정답 ③

데이터베이스 관리자도 영향도를 파악할 수 있으나 데이터 관리자가 데이터베이스 관리자와 함께 전체적인 영향을 파악하는 것이 효율적이다.

118 정답 ②

데이터 관리자(Data Administrator)로부터 배포된 표준에 대해서 변경작업을 지시 받은 데이터베이스 관리자(Database Administrator)는 물리 데이터 모델의 변경 작업을 수행할 때 DBMS (Database Management System)에서 DDL (Data Definition Language)문을 이용하여 물리DB에 변경 내용을 반영한다.

119 정답 ④

데이터 표준 정의 프로세스는 전사적인 데이터 표준화 추진 시에 전사적인 데이터 표준을 정의하는 작업과 관련된 일련의 프로세스이다.

120 정답 ③

전사(Enterprise) 관점에서 가이드 자문 및 제시는 부문 데이터 관리자(Part Data Administrator)의 역할이라기보다는 전사 데이터 관리자(Enterprise Data Administrator)가 진행하는 것이 효과이다.

121 정답 ②

• 커뮤니케이션 원칙 : 요구 사항은 모든 사람들이 이해할 수 있도록 명확하게 공표됨은 물론 최종 사용자 지향적으로 분명하게 파악되는 수준으로 작성되어야 한다.
• 모델링 상세화 원칙 : 데이터의 상세화 정도를 제시하고, 조직이 사용하는 정보 구조의 '최소 공통 분모' 를 제시해야 한다.
• 논리적 표현 원칙 : 모델은 물리적 제약조건 없이 비즈니스를 그대로 반영해야 한다. 즉, 논리적 데이터 모델은 특정 아키텍처, 기술 또는 제품 등에 독립적이어야 한다.

122 정답 ②

문제의 아래는 참조 무결성을 설명하고 있다. 이러한 모델에서의 참조 무결성 규칙은 실제 스키마의 제약조건으로 생성되게 되면 관련된 테이블 레코드간의 관계를 유효하게 하고 사용자 실수로 데이터를 삭제하거나 변경하지 않도록 하기 위한 규칙이라고 정의할 수 있다.

123 정답 ③

③은 개체-관계 모델에 대한 설명보다는 객체지향 모델링에 대한 설명이다.

124 정답 ①

데이터를 중복해서 가지고 있으면 데이터 무결성이 깨질 수 있으므로 중복을 피해야 한다.

125 정답 ④

논리 데이터 모델링의 개념을 잘 이해하는 분석가들은 데이터가 프로세스에 종속하지 않는 방식으로 데이터와 프로세스의 개념을 결합한다. 이것은 객체지향 모델링에 기반한 애플리케이션을 연구하고 이해하는 사람들이기 때문이다. ④는 객체지향 모델링의 접근 방식에 대한 내용으로 장점과는 거리가 멀다.

126 정답 ②

'논리적'이라는 용어는 논리 데이터 모델링이 현실 세계를 추상화기 때문에 사용한다. 개념화 기법을 적용하여 모델을 만드는데도 이유가 될 수 있다. 또한 현실의 물리적인 장표나 데이터베이스 같은 것이 실질적인 개념이 아니기 때문에 논리적(개념적)이라는 용어를 사용하는 것이다.

127 정답 ②

엔터티의 유일성을 보장해주는 것이 식별자이다. 다른 것들은 복수개의 값들이 존재할 수 있기 때문에 유일성을 보장해 주지 못한다.

128 정답 ④

관계형 모델 이론이 데이터를 분석하는데 비관계형 이론보다 반드시 우수하지는 않다.

129 정답 ②

잘 설계된 논리적 모델은 비록 업무방식이 바뀌어도 업무영역이 바뀌지 않는다면 설계 변경이 거의 발생하지 않는다.

130 정답 ④

④번은 관계 연산자가 아니라 처리 연산자 중에 하나를 설명하고 있다.

131 정답 ④

④번의 설명은 도출 공식에 관한 설명이지 도출 속성에 대한 설명이 아니다.

132 정답 ③

③번은 처리 연산자가 아니라 관계 연산자 중에 하나를 설명하고 있다.

133 정답 ④

누구나 같은 의미로 정확하게 뜻을 알 수 있는 단어를 사용해야 한다.

134 정답 ①

참조 무결성은 관계에 관한 것이고, 영역과 속성 무결성은 같은 의미로 속성이 가져야 하는 값에 대한 무결성이다.

135 정답 ③

아크는 반드시 하나의 엔터티에만 속해야 한다.(하나의 아크가 여러 엔터티를 가질 수 없다.)

136 정답 ④

④번을 올바르게 설명하면 "자식 실체 인스턴스의 입력을 항상 허용하고 대응되는 부모 건이 없을 경우에 Foreign Key를 지정된 기본 값으로 처리한다." 이다.

137 정답 ④

설명은 속성의 검증에 관련된 것이 아니고 속성 후보를 다양한 경로를 통해서 좋은 속성 후보를 확보하는 방법을 설명한 것이다.

138 정답 ③

연쇄작용은 비즈니스 규칙으로 어느 실체에 데이터의 값이 입력, 수정, 삭제 될 때 그 실체 내지는 다른 실체의 데이터 값에 영향도를 분석하는 것으로 데이터의 무결성과 관계가 깊다. 정규화를 잘 못하면 입력, 수정, 삭제 이상이 발생할 수 있다. 인덱스는 수행 성능의 향상을 위한 기법이다.

139 정답 ④
④번의 설명은 모델링을 순차적으로 접근해 가야 할 형태별로 분류하는 이유이다.

140 정답 ③
아직 대학 졸업장을 가지지 못한 전도유망한 사람을 고용한다고 하였으므로 사원과 사원취득대학학위는 한쪽 선택적으로 표현해야 한다.

141 정답 ①
①번은 개념 데이터 모델 단계의 일부분이다.

142 정답 ③, ④
①번과 ②번은 실체 정의를 설명한 것이며, ③번과 ④번은 속성 정의를 설명한 내용이다.

143 정답 ②
식별자는 개체를 위한 것이며, 키는 테이블이 가진다.

144 정답 ①, ③
실체는 동질성을 갖는 인스턴스들의 집합이다. '영업 담당자', '인사 담당자', '구매 담당자' 등의 실체를 만든다면 일반화와 추상화 기법에 위배되며 엄청나게 많은 실체를 정의해야 할 것이다. '규손금'은 '규정 손실금'의 약어로 이런 형태의 실체명을 만드는 것은 논리 데이터 모델링에서 삼가야 하는 사항이다. 왜냐하면 비즈니스 규칙과 관계된 모든 사람들에게 직관적으로 의미를 파악할 수 있는 명명 규칙이 유용하기 때문이다.

145 정답 ②, ③
상담 실체의 인스턴스를 인식할 때는 영업담당자가 누구인지를 반드시 알아야 할 필요가 없기 때문에 UID Bar를 사용하지 않아도 된다. 또한 상식적으로 당초계약이 발생할 때는 실행계약의 인스턴스가 발생하는 것이 아니므로 양쪽 필수 관계일 필요는 없다.

146 정답 ②
서브타입은 배타적이며 포괄적이다.

147 정답 ③
객체 클래스-엔터티 유형

148 정답 ④
표의 '라'는 바커 표기법의 관계가 아니라 I/E 표기법의 관계(Relationship) 예이다

149 정답 ④
배타관계는 엔터티간의 업무적 연관성을 논리적인 관점에서 명확하게 표현하고 있지만, 실제 데이터베이스의 저장 구조로 구현되었을 때 애플리케이션의 성능이나 업무 변경에 대한 유연성 확보 등을 고려하여 배타관계에 있는 엔터티들을 하나로 통합하여 물리 데이터 모델로 정의할 수도 있다.

150 정답 ④
보통 관계형 모델링에서 비전이성은 별도로 표시하지만 전이성은 표현하지 않는다.

151 정답 ①
정규화, 속성 정의, 참조 무결성 정의 등은 논리 데이터 모델링 과정에서 정의해야할 사항이다.

152 정답 ④
부서는 조직의 업무에 따라 수시로 바뀌기 때문에 유연하게 대응하기 위해서는 순환 관계 기법으로 모델링을 해야 한다.

153 정답 ③
주제영역을 계층적으로 표현하고 Top-Down 방식으로 데이터 모델을 생성하는 것은 체계적인 분석에 많은 도움을 준다.

154 정답 ③

하나의 주제영역에 존재하게 될 데이터 개체들은 높은 결합성을 가지도록 주제영역을 설계하는 것이 필요하다. ③번은 주제영역 활용의 장점으로 생산성 향상과는 관계가 적고 주제영역을 활용함으로 인해 개발기간이 단축된다고 보기에는 어렵다. 데이터 모델링의 주제영역은 프로세스 모델링의 Function과 매핑 관계를 가지는 것이 보통이다.

155 정답 ②

주제영역을 활용하는 장점으로 생산성 향상은 관계가 적다. 또한 주제영역을 활용한다고 프로젝트 전체의 개발 기간이 단축 된다고 볼 수 없다.

156 정답 ②

'고객' 과의 연관관계는 논리 데이터 모델링 단계에서 검토되어야 바람직하다. 이력 관리 방안도 집합들이 모두 정의되고 식별자도 정의되어야만 가능한 부분이다. '소속점명' 을 검토하면서 '소속점' 을 관리하는 것이 필요하다고 판단하면 '소속점' 을 엔터티 후보로 도출하는 것이 바람직하다.

157 정답 ③, ④

중요 보고서 제목은 향후 정의될 엔터티의 후보가 될 수 있다. 또한 시스템 관리자 보다는 업무 관리자의 의견을 참조하여 주제영역을 생성한다.

158 정답 ②

②번에서 한쪽에 인스턴스를 입력하려면 다른 쪽에 반드시 값이 있어야 한다는 것이 모순이다. 한쪽을 양쪽 선택적 관계로 바꾸어야 한다.

159 정답 ②

개념 데이터 모델링에서는 엔터티의 상세 분석을 수행하는 것은 아니다. 또한 개념 데이터 모델 단계에서 개념에 대해서는 확실하게 정립하여야 한다.

160 정답 ①

엔터티 후보 식별 단계에서는 해당 엔터티의 개념

을 파악하거나 엔터티를 명확히 구분 짓기 위한 속성들에 대해서 업무담당자와 상의할 수 있다. 그러나 일반속성(여기에서는 '생년월일')을 이 단계에서 언급하는 것은 부적절하다.

161 정답 ③

Intersection Entity(교차 엔터티)는 다대다(M:M) 관계의 해소로 생기는 엔터티를 말한다. 교차 엔터티는 개념 데이터 모델에서 생성되기 보다는 논리 데이터 모델링 단계에서 생성되고, 역할에 따른 분류에는 대부분 Action Entity에 속하는 것이 보통이다.

162 정답 ④

④번은 모순이다. 왜냐하면 배타적 관계는 모두 선택적이든지 또는 모두 필수적이어야 한다. 한쪽만 선택적이든지 혹은 한 쪽만 필수적이면 배타적 관계가 형성될 수 없기 때문이다. ①번은 양쪽 선택적인데 이것은 관계를 하나도 맺지 않는 업무를 설명하고 있다. ③번은 둘 중에 하나와 관계를 맺는데 반드시 관계가 하나는 있다는 업무 규칙이다. ②번의 기수성(Cardinality, Degree)은 배타적 관계에 아무 영향을 미치지 않는다.

163 정답 ③, ④

개념 데이터 모델링에서는 부서 엔터티 자체의 정의를 명확히 하는 것은 바람직하지만 부서 엔터티와 연관된 하위 엔터티들을 정의하는 것은 수평적 사고를 방해할 위험요소가 있기 때문에 바람직한 모델링의 방향이라 할 수 없다.

164 정답 ②

후보키는 후보키 이외의 나머지 속성들을 직접 식별할 수 있어야 이러한 사항을 어기면 향후 정규화(2, 3정규화) 과정에서 정규화 위배로 도출되게 된다.

165 정답 ④

엔터티 후보를 도출하는 단계에서 주제영역 분류에 대한 언급은 부적절하다.

166 정답 ③

직렬 관계는 여러 개의 로우(Row)로 나누어진다.

167 정답 ①

① 신용카드의 카드번호는 실질 식별자에 해당한다. 즉, 인조 식별자(Artificial UID)에 해당한다. 실제 본질 식별자에 해당하는 속성은 고객번호, 카드상품코드, 카드발급일시 등의 속성이 본질 식별자라고 할 수 있다.

168 정답 ④

'계약속성정보A'와 같은 방식의 관리에서 이력을 관리하기 위해서는 추가 UID 속성을 추가하여 관리하는 것이 일반적인 방법이다.

169 정답 ①

대부분의 코드성 엔터티는 개념 데이터 모델링 단계에서 굳이 엔터티로 도출하지 않아도 무관하다. 하지만 그렇지 않은 경우도 발생한다. 즉, 코드성 엔터티가 여러 하위 엔터티를 가지는 경우가 대표적인 경우이다.

본질 식별자라고 해서 무조건 엔터티로 도출하기보다는 많은 다양한 관계를 가질때 엔터티로 도출하는 것이 바람직하다.

코드성 엔터티의 도출은 개념 데이터 모델에서 꼭 필요한 과정이라고 볼 수 없다.

170 정답 ④

수행 성능은 물리적인 요소(인덱스, 저장 기법 등)이다.

171 정답 ①

대부분의 보험사에서 피보험자, 납입자 등은 엔터티라기 보다는 고객 엔터티와 업무를 표현하고 있는 '계약' 엔터티와의 관계라고 보는 것이 더 합당하다.

172 정답 ①

속성의 원자성은 관계형 모델의 이론적 배경이다. 원자성은 비즈니스에서 의미 있는 최소한의 속성 단위이다. '계좌번호'가 문제의 지문과 같이 구성된 것은 속성이 비원자적으로 구성되어 있기 때문에 '구매일자'가 지문과 같이 구성된 것은 의미가 없다. '구매월'을 모르는 '구매일'은 의미가 없고 '구매년도'를 모르는 '구매월'도 의미가 없다. 즉, '구매일'이 25일 이라면 이것이 몇 년, 몇 월의 '구매일'인지 모른다면 의미가 없다. 물론 카드결제일자가 25일이라는 것은 비즈니스적으로 의미가 있지만 '구매일자'와 같은 속성은 연월일이 있어야 비로소 의미가 있다.

173 정답 ③, ④

서브타입은 물리 데이터 모델링 단계에서 별개의 테이블로 생성될 수 있고, 하나의 테이블로 병합될 수도 있다.

물리 모델로 전환하기 위한 기준을 마련한다면 복잡성을 증가시키지는 않는다.

174 정답 ②

공정제어 집합에 대하여 분석을 실시하는 것은 이 단계 즉, 개념 데이터 모델링 단계에서 언급할 부분은 아니다.

175 정답 ②, ④

소수의 선택속성이 존재한다면 굳이 서브타입으로 구분할 필요는 없다. 엔터티 단순화와는 거리가 멀다.

176 정답 ①

'사원'은 '부서'에 종속되어 있으므로 사원의 부서를 알면 '접수부서'를 알 수 있다. 이것은 데이터 논리 모델에서 관계 중복에 해당한다. 만약 주문 데이터를 액세스하는데 속도가 느려진다면 조인의 효율을 위하여 부서와 관계를 설정하여 반정규화 할 수 있지만 논리 데이터 모델에서는 데이터의 이상 현상이 발생할 수 있으므로 이러한 모델링은 삼가해야 한다.

177 정답 ①

엔터티의 통합은 향후에 유연성이 크게 향상된다. 또한 통합을 통해서 배타적관계의 가능성을 줄여 줄 수 있다. 하지만 무리한 통합은 집합의 독립성을 저해하는 결과를 초래한다.

178 정답 ②

개념 데이터 모델링 단계에서는 다대다(M:M) 관계를 풀지 않지만, 논리 데이터 모델링 단계에서는 두개의 일대다(1:M) 관계 엔터티로 생성하게 된다.

179 정답 ③, ④

직접 종속, 간접 종속 등의 관계 속성들을 모델링한다. 두 엔터티 간에는 하나 이상의 관계가 얼마든지 존재할 수 있다.

180 정답 ①

'금융기관' 은 관계라고 보기에는 어렵다. 왜냐하면 '금융' 은 '기관' 이라는 큰 집합의 특정 부분집합을 나타내기 위해서 사용된 말이기 때문이다. 마치 전체 집합인 '고객' 의 일부를 '법인고객' 으로 표현한 것과 같은 이치이다.

181 정답 ②

전산화 대상 시스템의 형태, 목적 등에 의해 영향을 받는 것은 물리 데이터 모델이다. 물리 데이터 모델은 논리 데이터 모델링 과정에서 정의된 내용을 기반으로 물리적인 요소, 시스템 상황 등을 고려하여 생성한다.

182 정답 ③

식별자가 '주문번호' 이고, '공급자명' 과 '공급자주소' 는 식별자가 아닌 '공급자코드' 에 종속된 속성으로 3차 정규화를 실시해야 한다.

183 정답 ②

데이터베이스를 구성하는 오브젝트들의 설계 전략은 물리 데이터 모델링 단계에서 생성된다. 특히,

파티셔닝 전략 등의 내용이 물리 데이터 모델에 포함되어 있다.

184 정답 ②

하위 엔터티를 위해서는 최대한 통합을 유도하는 것이 바람직하다. 경우에 따라서는 하나의 집합이 완전히 포함되어지는 통합이 일어나는 경우도 발생한다. 새로운 유형의 집합이 추가되더라도 새로운 엔터티나 기존에는 관계의 변화가 일어나지 않으면서 부분 집합(서브타입)만 증가하는 형태가 바람직하다. 이를 위해서는 통합을 유도하는 것이 좋다.

185 정답 ①, ④

데이터 모델링 과정에는 현업사용자의 참여가 필수적이다. 데이터 모델링을 지원하는 CASE 툴을 사용하면 많은 도움을 줄 수 있다.

186 정답 ④

신용카드는 카드를 발급 받은 사람과 발급해 준 카드사의 상품이 반드시 존재해야만 태어날 수 있는 엔터티이다. 따라서 우선순위가 가장 높은 것이라고 보기는 어렵다.

187 정답 ④

다른 시스템의 문서를 참조하는 것은 현재 시스템의 개선점을 파악하기 위해서 필요하다. 또한 미처 생각하지 못했던 관리 속성들을 추출하기 위한 중요한 소스로도 사용 할 수 있다.

188 정답 ④

④번은 참조 무결성이 해결하지 못하는 연쇄작용에 의한 데이터 무결성이다.

189 정답 ①

속성은 엔터티 내에서 관리해야 할 구체적은 관리항목이다. 그렇기 때문에 중장기 마스터플랜(Master Plan)에서 속성 후보를 도출한다고 보기는 어렵다.

190 정답 ①

②번의 필수-필수 일대일(1:1) 관계는 무리한 수직 분할을 시도하였을 경우에 많이 나타나는 관계의 형태이다. ③번의 선택-선택 일대일(1:1) 관계는 데이터 모델링 과정에서 드물게 발생하는 형태이다. ④번의 일대일(1:1) 관계도 때로는 필요하다.

191 정답 ④

실별자 검증은 속성 검증이 완료되고 해당 엔터티 내에서 식별자를 지정하게 된다. 따라서 식별자로 사용되는지를 판단하는 것은 속성 검증과는 거리가 멀다.

192 정답 ③

③번은 변화 가능성이 많으므로 데이터 모델에 정의하면 유지보수에 문제가 발생할 수 있기 때문에 매트릭스 분석 기법을 통한 상호작용 분석으로 수행하는 것이 향후 긍정적 효과를 나타낼 수 있다.

193 정답 ②

속성은 최소단위로 분할해서 정의하는 것이 일반적이다. 하지만 경우에 따라서는 복합속성을 구성하는 것도 가능하다.

194 정답 ①

'고객주소이력1', '고객주소이력2' 등의 형태와 '법인고객관리'의 형태와는 무관하다.

195 정답 ①

제 1 정규화란 하나의 속성은 반복되는 중복값을 가질 수 없다는 것이다. 하나의 속성이 중복값을 가지기 위해서는 새로운 엔터티를 생성해야 한다.

196 정답 ④

구조가 변경되더라도 식별자는 변경되지 않기 때문에 과거 데이터를 변경할 필요가 없다.

197 정답 ④

'결혼 기념일'은 '고객' 엔터티의 추출 속성이라기

보다는 본래의 속성이라고 보는 것이 적절하다.

198 정답 ④

의미상으로 식별자의 역할을 하는 속성들은 누가, 무엇을, 언제, 어디서 등과 같은 육하원칙에 해당하는 속성들의 그룹을 일컫는다.

199 정답 ②, ③

전화번호가 어떤 전화 번호인지가 명확하게 정의되는 것이 바람직하다. 순번, 상태 등과 같이 주어 부분이 빠진 형태의 용어는 속성으로 바람직하지 않는다.

200 정답 ④

① 너무 깊지 않게, ② 단어 하나하나에 집중, ③ 프로세스에 연연해하지 말아야

201 정답 ④

여러 개의 속성들을 묶어서 식별자로 생성할 수 있다.

202 정답 ②

세월이 흐르면 사원의 부서가 바뀌며 상품의 단가도 세월이 흐르면 바뀔 수 있다. 또한 금융 상품의 이자율도 세월이 흐르며 바뀔 수 있다.

203 정답 ④

경우에 따라서는 내부적으로만 사용되는 인조 식별자를 사용 할 수도 있다. 특히, 시스템에서 사용하는 데이터들에 이러한 유형의 식별자가 많이 존재한다.

204 정답 ①

정보공학방법에서 동그라미가 없는 것은 필수 관계를 말하고, CASE*Method에서는 실선이 필수 관계를 표현한다.

205 정답 ③

인조 식별자의 사용은 꼭 필요한 경우에만 한정적

으로 사용하는 것이 바람직하다. 하위 엔터티는 다시 자식 엔터티를 가질 가능성이 적으므로 정보의 단절과는 거리가 멀다.

206 정답 ②

②번과 같은 상황에서 가장 먼저 해야 할 일은 해당 반복 속성의 내용을 업무담당자를 통하여 정확히 파악하는 것이다.

207 정답 ③

1차 정규형 : 반복 속성은 존재할 수 없다. 반복 속성을 해소 하기 위해서는 자식 엔터티를 생성하게 된다.
2차 정규형 : 모든 속성은 식별자 전체에 종속되어야 한다. 그렇지 않은 경우에는 부모 엔터티가 추가된다. 이때 부모 엔터티로부터 관계에 식별자가 포함되어 진다.

208 정답 ②

매일매일이므로 일자별로 관리하면 굳이 기간으로 관리할 필요가 없다.

209 정답 ④

새로운 추가 요구 사항의 반영은 프로젝트 관리 측면에서 다루어져야 할 부분이다. 특히, 이러한 요구 사항의 체계적인 관리는 전체 프로젝트의 성패와도 직결되는 문제이기 때문에 신중을 기해야 한다.

210 정답 ④

①번과 같이 조치를 취한다면 데이터 무결성을 깨지 않으므로 사용하지 않는 것 보다 유리할 수 있다.

211 정답 ③, ④

다대다(M:M) 관계는 발생 즉시(개념 데이터 모델링 단계에서 해소하지 않고 논리 데이터 모델링의 마지막 부분) 해소하는 것이 바람직하다.
다대다(M:M) 관계가 해소되면 두 개의 일대다(1:M) 관계를 가지는 새로운 엔터가 생성된다.

212 정답 ④

다른 시스템의 문서를 참조하는 것은 현재 시스템의 개선점을 파악하기 위해서 필요하다. 또한 미처 생각하지 못했던 관리 속성들을 추출하기 위해서 중요한 소스로서 사용할 수 있다.

213 정답 ④

삭제 규칙은 부모 실체의 인스턴스를 삭제 할 때 사용되는 참조 무결성 규칙이다.

214 정답 ①

①번은 제 1 정규형에 대한 설명이다.

215 정답 ④

변경이 가끔 발생하고 이력 대상 속성이 많다면 인스턴스 레벨의 이력관리를 고려할 수 있다. 물론 이러한 이력관리의 방법을 사용하면 실제 변경된 속성을 찾는데 다소 불편함이 있다는 것은 감안해야 한다.

216 정답 ③

제 3 정규형의 위배하지 않으려면 제1, 2 정규형을 만족하고 속성들 간의 종속관계가 없어야 한다. ①번은 '강좌.과명'이 제 3 정규형을 위배하고 있다. ②번은 '수강등록.교수번호'가 제 2정규형을 위배하고 있다. ④번은 '학생.수강등록일자'가 제 1 정규형을 위배하고 있다.

217 정답 ②

선분이력에서의 종료점 처리 방법은 계속 진행 중인 데이터(최종 데이터)에 대해서는 '99991231'과 같은 수렴값을 지정하여 사용하는 것이 여러 측면에서 바람직하다.

218 정답 ③

③번의 Difference는 차집합(Minus)을 의미한다. 이것은 Division에 대한 설명이다.

219 정답 ①
M쪽이 Mandatory인 경우가 가장 많은 경우이
다. 현실에서 가장 많이 존재하는 형태의 관계라
고 볼 수 있다. 양측 필수 관계는 현실에는 존재하
기 힘든 관계이다.

220 정답 ③
UID를 제외한 속성 간의 종속관계를 가져서는 안
된다. 즉, '참여구분코드', '참여구분명' 등이 제
3정규형을 위배하고 있다.

221 정답 ②
하나의 엔터티는 물리적 요소들을 감안하여 경우
에 따라서는 여러 개의 테이블로 생성될 수 있다.
특히, 성능의 문제를 고려하여 여러 테이블로 생
성하는 경우도 종종 발생한다.

222 정답 ③
현재 진행 중인 건은 의미적으로는 종료점을 Null
로 표현하는 것이 맞지만 실제적으로는 수렴값
(99991231)을 지정하는 것이 보다 효율적이다.

223 정답 ④
사용자의 요구 사항이 명확하지 않았다면 논리 데
이터 모델 자체가 확정되지 않은 상황이다. 이것
은 물리 데이터 모델이 여러 개로 생기는 상황과는
거리가 멀다.

224 정답 ④
일대다(1:M) 관계의 이력을 관리하게 된다면 다대
다(M:M) 관계로 변하게 되어 새로운 관계 엔터티
를 생성해야만 한다.

225 정답 ④
개발자의 기술 수준은 물리 데이터 모델 설계에 가
장 영향을 미치는 요소로 보기 힘들다.

226 정답 ④
일대일(1:1) 관계에서는 Mandatory 관계를 가진

쪽에 왜래키를 생성하는 것이 바람직하다.

227 정답 ④
논리 데이터 모델에서 Business Rule은 물리 데
이터 모델에서 Constraint의 형태로 설계되어 진
다. 특히, Check Constraint의 형태가 가장 보편
적인 형태이다.

228 정답 ②
DBMS 벤더(Vendor)와 버전에 따라서 지원하는
파티셔닝의 기법들이 상이하다. 따라서 상이한 점
들을 파악하는 것이 무엇보다 우선되어야 한다.

229 정답 ④
'법인' 테이블을 '법인사업자', '개인사업자'로 분
류하여 별개의 테이블로 생성하는 것은 바람직하지
않다. 특히, 이렇게 상위 테이블을 분할하게 되면
테이블들을 부모로 가지는 하위 테이블들을 활용하
는데 많은 불필요한 일들이 발생할 소지가 있다.

230 정답 ③
대부분 현재를 읽는 다면 '고객번호 + 종료일자 +
시작일자'가 가장 효율적이다.

231 정답 ④
여러 개의 테이블로 분할하게 되면 유형구분이 필
요가 없어진다. 즉, 서브 타입 유형구분별로 별개
의 테이블로 생성되기 때문이다.

232 정답 ②
자주 사용되는 엑세스 조건이 다른 테이블에 분산
되어 있어서 상세한 조건 부여에도 불구하고 엑세
스 범위를 줄이지 못하는 경우에 자주 사용되는 조
건들을 하나의 테이블로 모아서(컬럼의 중복 즉,
추출 속성으로 하나의 테이블에 모으는 경우를 의
미함) 조건의 변별성을 극대화할 수 있다.

233 정답 ④
일대다(1:M) 관계에서 1쪽이 Mandatory이고, M

쪽이 Optional 경우는 업무 규칙상 발생할 수도 있다. 즉, 자식쪽의 레코드가 하나 이상 있어야 부모 테이블에 레코드를 생성할 수 있다는 것이다.

234 정답 ④

외부키의 결합에서는 근본적으로 외부키 제약조건을 생성할 수 없기 때문에 User - Defined Trigger 등의 방법을 통하여 해결해야 한다.

235 정답 ④

일반적으로 SQL 코멘트에 대한 데이터 표준 방안을 수립하지 않고, 해당 SQL의 유의사항 또는 처리 방법 등에 대한 내용을 자유롭게 기록하는 것이 일반적이다.

236 정답 ③

개별 속성들이 많은 경우에는 하나의 테이블로 변환하는 것이 바람직하다.

237 정답 ④

특정 칼럼의 크기가 아주 큰 경우에는 (특히 이미지와 같은 크기가 큰 데이터) 데이터를 저장하기 위해서는 원래의 테이블의 칼럼들과 분리하여 저장하는 것이 보통이다. 이렇게 함으로써 이미지를 읽지 않은 경우에 액세스 효율을 증가시킬 수 있다.

238 정답 ④

①번의 배타적 관계는 항상 Mandatory이거나 Optional이어야 한다. ②번과 ③번의 배타적 관계는 반드시 하나의 Entity에만 속해야 한다.

239 정답 ④

M:M 관계가 포함된 처리의 과정을 추적, 관리하고자 하는 경우 진행 테이블 추가를 고려할 수 있으나, 다중 테이블 클러스터링이나 적확한 조인 SQL구사 등을 통해 군이 진행 테이블을 만들지 않아도 양호한 수행속도를 낼수 있는 경우가 많이 있다.

240 정답 ①

파일 시스템은 업무나 부서 중심의 관점이지만 데이터베이스 시스템은 데이터 통합을 통한 데이터 공유의 관점이라는 것이 가장 큰 차이점이다.

241 정답 ③

데이터 모델에서 요구되는 필수 조건은 반정규화가 아닌 중복 배제(Non-Redundancy)로, 이를 통해 저장 공간의 낭비를 최소화하고, 데이터 일관성을 유지하도록 하고 있다. 반정규화는 이와 같은 관점에서 데이터 모델 설계가 완료된 후 성능을 고려하여 불가피하게 부분적인 중복을 허용한 것이다.

242 정답 ①

지문의 내용은 커뮤니케이션 원칙에 대한 설명 내용으로, 논리 데이터 모델링의 주목적이 최종 사용자 데이터에 대한 뷰(View)를 개념화하고 추상화하여 시스템 설계자들에게 전달하는 것임을 의미한다.

243 정답 ④

①~③은 모두 적절한 설명이다.

244 정답 ④

개체-관계 모델의 구성 요소는 엔터티, 속성, 식별자, 관계, 카디날리티, 존재 종속, 서브타입 등이다.

245 정답 ②

객체는 연관(Association) 또는 상속(Inheritance)을 통해 다른 객체들에 연결된다.

246 정답 ③

데이터 아키텍처 상에서 데이터에 대한 최상위 수준의 관점을 정의한 것은 개괄 데이터 모델이다.

247 정답 ④

④는 병렬식 관계의 특징이다.

248 정답 ①

M:M 관계가 나타날 때 관계가 자식을 가져야 하거나, 관계가 추가적인 속성을 가져야 하는 경우는 M:M 관계를 관계 엔터티로 풀어주고 모델링을 계속 진행해야 한다.

249 정답 ②

계좌는 고객이 금융상품에 가입함으로써 생성되는 메인 엔터티이다.

250 정답 ③

엔터티 정의 요건에서 대상 개체 간에는 동질성이 있는지 확인해야 하고, 다른 개체와의 구분에서 독립성이 있는지 확인한다.

251 정답 ① ■ 문제 6 해설

다대다 관계의 해소 시점은 ②~④에 기술한 내용과 같다.

252

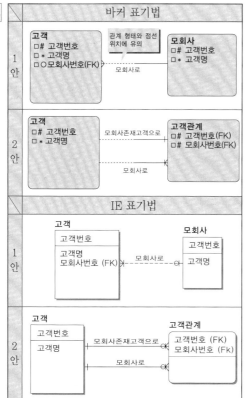

253

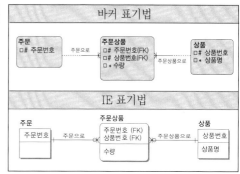

254

255

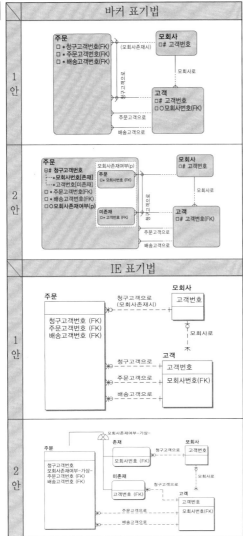

방법이다.

258 정답 ④

테이블, 뷰, 칼럼 등은 데이터 표준을 적용하는 대상이다.

259 정답 ③

특정 칼럼 크기가 아주 큰 경우의 수직분할은 I/O 성능 향상에 유리하다.

260 정답 ④

인덱스 생성은 엄밀한 의미에서 반정규화로 보지 않는다.

261 정답 ③

참조 관계가 NULL을 허용하고 있다.

262 정답 ②

날짜 데이터는 비교 연산이나 조회 조건으로 빈번히 이용되므로 문자 타입을 이용하는 것이 편리하다.

263 정답 ①

참조 관계에서 반드시 주문은 주문내역을 갖고 있어야 한다.

264 정답 ④

OLTP 업무를 위한 데이터 모델이므로 비트맵 인덱스를 사용하는 것은 바람직하지 않다.

265 정답 ②

Clustered Index는 키 값의 순서로 데이터가 저장되며, B-Tree 구조의 Leaf Node에 데이터 페이지가 존재한다. 인덱스를 통한 액세스보다 접근 경로가 단축되므로 소량 데이터의 랜덤(Random) 액세스에 유리하다.

256 정답 ④

서브타입을 테이블로 변환하는 방법은 ①~③ 내용과 같음.

257 정답 ①

전체 집합에서 임의의 집합을 추출·가공하는 경우가 빈번하고, 복잡한 처리를 하나의 쿼리로 통합하고자 하는 경우 유리한 서브타입 변환 형태는 슈퍼타입을 기준으로 하나의 테이블로 변환하는

266 정답 ③

NUMBER 타입과 CHAR 타입을 동등(=) 비교할 경우 CHAR 타입을 NUMBER 타입으로 변환하

여 비교 연산을 수행한다. 만약 CHAR 타입을 NUMBER 타입으로 변환이 불가능할 경우 NUMBER 타입을 CHAR 타입으로 변환한다.

267 정답 ①

테이블과 인덱스는 분리하여 저장하는 것이 I/O의 병목을 최소화 할 수 있는 길이다. 즉, 동시간대에 I/O가 발생하는 것은 분리하고 다른 시간대에 I/O가 발생하는 것은 같은 공간에 배치하도록 한다. 인덱스와 테이블은 액세스하는 개별 주체에서 보면 순차적으로 액세스하지만 타 시스템의 입장에서는 항상 동일 시간대에 액세스가 발생할 수 밖에 없다. 따라서 가능하다면 둘을 분리하여 저장하는 것이 좋다.

268 정답 ①

데이터베이스에서 모든 무결성 제약을 정의할 수는 없으므로 복잡한 규칙에 의해 데이터 상호 간에 유지해야 할 정합성은 응용프로그램 내에서 처리를 해야 한다.

269 정답 ②

행의 길이가 페이지 사이즈 보다 큰 경우에는 Split 현상이 발생한다.

270 정답 ③

B-Tree 구조는 인덱스의 자료 구조 중 대용량 데이터의 입력, 수정, 삭제에 가장 적합한 구조이다.

271 정답 ①

테이블스페이스는 논리적인 단위이며, 데이터 파일은 물리적인 저장 공간이다.

272 정답 ③

일대다(1:M) 관계에서 M쪽에 존재하는 1쪽 집합을 구한 결과이다. 결과는 동일하지만 ①, ②, ④번은 1쪽의 집합으로 만들기 위해서 내부적으로 SORT 연산을 수행하게 되어 비효율적이다.

273 정답 ①

등치('=') 조건으로 사용되는 칼럼을 선행조건으로 해야 한다. 인덱스 선행 칼럼이 범위 조건이면 Range Scan 일량이 증가한다. 따라서, dept + cdate 칼럼이 후보이다.

274 정답 ②

결합 인덱스는 선행 칼럼이 등호(=)로 비교되지 않으면 인덱스를 사용하지 못한다. 그러나 선두 칼럼들을 항상 등호(=) 조건으로만 사용하게 되면 인덱스의 수가 많아지므로 등호(=) 조건이 아니더라도 항상 사용되는 칼럼인 경우에는 선두 칼럼으로 사용할 수 있으며, 논리합 연산자나 SUB-QUERY를 사용하여 선두 칼럼을 등호(=) 조건으로 변경하게 되면 등호(=)을 사용한 것과 동일한 효과를 얻을 수 있다.

275 정답 ①

결합 인덱스에서 칼럼의 순서는 항상 사용되는 칼럼 〉 등치조건 〉 분포도 〉 정렬 순으로 정의된다.

276 정답 ②

술어는 선행 칼럼이 등호(=)로 비교되어야만 처리 범위를 결정하는데 참여할 수 있다.

SQL	Matching	비고
where col1 = 10 and col2 = 5 and col3 = 6	3	Matching Index
where col1 = 10 and col2 = 5 and col3 > 6	3	Matching Index
where col1 = 10 and col2 > 5 and col3 > 6	2	Matching Index
where col1 < 10	1	Matching Index
where col2 = 5 and col3 = 6	non	Non Matching Cluster Index scan
where col4 < 10	non	Non Matching Cluster Index scan
where col1 = 10 or col1 = 20	1	Matching Index
where col1 in (10,20) and col2 = 5	2	Matching Index

277 정답 ④

동일한 속성을 가진 상품을 지역적으로 분산하여 관리하는 수평분할 설계가 요구된다. 수직분할은 칼럼을 기준으로 분할되므로 상이한 속성을 가질 경우에 적용된다.

278 정답 ①
DISK I/O 분산을 위해서 테이블과 인덱스는 테이블스페이스를 분리하고 물리적인 DISK를 분리하는 것이 바람직하다. 저장용량설계는 용량분석, 오브젝트별 용량산정, 테이블스페이스 용량산정, 디스크 용량산정 순으로 진행된다. Raw Device는 백업 및 디스크 구성 변경에 어려움이 존재하므로 소규모 시스템인 점을 감안하여 Cooked Device를 사용하는 것이 바람직하다.

279 정답 ③
복제 분산은 동일한 테이블을 복수 서버에 생성하는 것으로 부분 복제, 광역 복제 등의 방법이 있다.

280 정답 ②
Index-organized Table은 키 값 또는 인덱스 값의 순서대로 데이터가 저장되는 구조로서 인덱스를 이용한 테이블 액세스보다 접근경로가 단축되므로 소량 데이터에 대한 랜덤 액세스에서 성능이 탁월하다. 게시글 컬럼은 대량 데이터 타입인 CLOB 타입이나 VLOB 타입 등을 사용하여 데이터 체인이 발생할 수 있으므로 Index-organized Table로 설계하는 것은 바람직하지 않다.

281 정답 ④
데이터베이스 보안은 비인가된 자를 대상으로 원하는 작업을 하기 위해서 필요한 자원에 대한 허가를 설정하는 것이다.

282 정답 ①
수직 분할은 컬럼을 기준으로 분할을 하기 때문에 식별자를 제외한 컬럼의 중복이 발생되지 않아야 한다. 식별자가 중복되지 않아야 하는 분할 방식은 수평 분할이다.

283 정답 ④
강제 통제는 높은 등급의 데이터가 사용자에 의해 의도적으로 낮은 등급 데이터로 쓰여지거나 복사되는 것을 방지하기 위해서 사용자 등급과 객체 등급이 같은 경우에만 허용 된다.

284 정답 ②
자동 복구 작업, 미확정 분산 트랜잭션 해결, 읽기 전용 모드의 보수작업 등은 데이터베이스 열기 단계에서 수행되는 작업들이다.

285 정답 ③
사용자 프로세스가 전체 테이블을 스캔 할 경우에는 테이블 블록을 버퍼로 읽어 들여 LRU 목록의 끝에 놓는다. 전체를 스캔 하는 테이블은 더 자주 사용되는 블록이 남아 있도록 신속하게 제거한다.

286 정답 ④
칼럼의 데이터 타입을 DBMS에서 제공하는 날짜 혹은 시간 데이터 타입으로 정의할 경우에는 검색 및 조인 등의 연산에서 비효율을 발생할 소지가 있다. 또한 DBMS와 개발 툴 간의 시간을 나타내는 데이터 타입이 일치하지 않아서 개발생산성의 저하요소로도 작용을 한다. 일반적으로 '주문일', '입사일', '청구일' 등의 일자데이터는 Char 또는 Varchar로 정의하여 사용하고 로그성의 칼럼은 시간타입을 사용한다.

287 정답 ②
초기 Extents 사이즈는 테이블이 생성될 때 설정되는 것이므로 데이터가 없더라도 확장영역이 확보된다.

288 정답 ④
①, ②, ③번은 데이터의 생성 후에 수정변경 사항이 거의 없지만 ④번은 인덱스 칼럼값이 수정되므로 Rebuild 작업이 필요하다. 일반적으로 변경이 빈번한 칼럼 인덱스를 생성하지 않으나 비용대비 효과를 고려하여 생성할 수도 있다.

289 정답 ①
NULL + 숫자 = NULL
NULL - 숫자 = NULL

NULL * NULL = NULL
NULL / NULL = NULL

290 정답 ②
복합 인덱스의 구성은 항상 사용되는 칼럼을 선두 칼럼(col2)으로 이용한다. 'col1'은 변별이 낮기에 'col1 = :v1'의 조건을 Table Full Scan으로 유도하는 것이 유리하다. 4가지 후보 중에서 'col2 + col3 + col1'을 선택하면 2가지의 액세스 경로에서 가장 효율적이다.

291 정답 ④
①번은 칼럼 가공, ②번은 NULL 비교연산, ③번은 부정 비교이므로 인덱스를 이용할 수 없다.

292 정답 ③
Primary Key Constraints은 NOT NULL, Unique , Minimal Set (최소 컬럼 구성)의 3가지 조건이 요구되나 Unique Constraints는 Unique와 Minimal Set이 요구 된다. 따라서 PK와 UK는 요건이 동일하지 않다.

293 정답 ③
입력, 수정, 삭제 등이 발생할 때, 전체 인덱스 조정 부하로 OLTP 환경에서 사용은 적합하지 않다.

294 정답 ④
제어 파일에는 아래와 같은 정보들이 관리되고 있으며 시작된 인스턴스가 데이터베이스를 마운트하고 제어 파일에서 데이터 파일과 로그 파일의 이름 등을 읽어 들인다.

```
━━━ 아 래 ━━━
Control file contents
1) the database name
2) names and locations of associated database
   and online redo log
3) the timestamp of the database creation
4) the current log sequence number
5) checkpoint information
```

295 정답 ③
카디시안 프로덕트(Cartesian Product)에 의해서 6개의 행이 출력된다.

296 정답 ④
강제적 접근 통제에서 읽기는 사용자의 등급이 접근하는 데이터 객체의 등급과 같거나 높은 경우에만 허용된다.

297 정답 ④
실체 무결성은 데이터베이스 제약조건인 PK(Primary key), UK(Unique Key)를 정의하는 것이 바람직하다.

298 정답 ③
세그먼트에서 예약된 데이터 확장영역이 모두 사용되면 데이터 확장영역이 자동으로 할당되지만, 한번 할당된 확장영역은 데이터를 삭제해도 반환되지 않는다. 만약, 강제로 반환하고자 한다면, 생성된 오브젝트(Object)를 Drop하거나 Truncate 해야만 한다.

299 정답 ④
비관적 병행 제어 알고리즘은 다수 사용자가 동시에 같은 데이터에 접근할 경우가 많다고 보고 구현한 알고리즘이다.

300 정답 ③
ANSI/SPARC 3-schema 구조는 외부단계, 개념단계, 내부단계의 3단계로 되었다.

301 정답 ②
테이블 잠김을 사용하면 관련된 모든 트랜잭션의 병목현상을 유발하므로 데이터베이스가 제공하는 최소 단위 잠김을 적용해야 한다.

302 정답 ②
TRUNCATE는 DDL 명령어이다.

303 정답 ②

백업 작업은 일, 주, 월, 년 주기로 정기적으로 수행하는 것을 원칙으로 하여야 한다.

304 정답 ④

임의 통제(DAC, Discretionary Access Control)는 사용자가 각 데이터 객체에 대해 서로 다른 권리(Privilege)들을 갖고 각 사용자의 개인적인 판단에 따라 권리를 이전할 수 있다.

강제 통제(MAC, Mandatory Access Control)는 보안 등급 라벨(Security Label)을 각 데이터 객체에 보안 분류 등급(classification level)에 부여하고 각 사용자마다 인가 등급(clearance level)이 부여하여 객체의 보안 분류 등급과 사용자 인가 등급에 의하여 접근 통제를 수행한다. SQL2는 임의통제만을 지원하고 있다.

305 정답 ①

논리 백업에 의한 복구는 백업 시점 상태로 데이터를 생성하는 것이므로 UNDO/REDO 작업이 없다. 복구 작업은 데이터베이스가 오픈 되기 전인 마운트 상태에서 진행한다. 로그 파일에는 데이터베이스 스키마 정보가 존재하지 않는다.

306 정답 ④

Phantom Read (※ Phantom:유령)

한 트랜잭션 안에서 일정 범위의 레코드들을 두 번 이상 읽을 때 이전 쿼리에 없던 유령레코드가 튀어나오는 경우를 말한다. SELECT 작업을 할 때 설정한 공유잠금이 트랜잭션 종료시까지 유지되더라도 트랜잭션 수행 도중에 다른 사용자가 해당 범위에 새로운 레코드를 삽입하는 것을 허용한다면 Phantom Read 현상이 발생할 수 있다.

▶ Level0, Level1, Level2

해결방법 : 트랜잭션 수행 도중 해당 커넥션에서 읽어 들인 모든 레코드에 공유 잠금을 걸 뿐만 아니라, 그 사이에 있는 모든 키 값에 대해서도 잠금을 걸어서(Range Lock) 해당 영역사이에 다른 커넥션에서 수정, 삭제는 물론 새로운 레코드를 추가하지 못하게 한다.

307 정답 ③

드라이빙 조건에 따라서 조인 행 수가 결정된다. Sort-merge 조인에서 조인 칼럼 가공은 직접적인 수행 속도에 영향이 없다. Nested-loop와 Hash 조인은 조인 순서에 따라 수행 속도의 차이가 크다.

308 정답 ①

인덱스 액세스는 조건을 만족하지 않는 첫 번째 로우까지 검색을 하기 때문에 실제로 조건을 만족하는 로우수보다 +1이 항상 많게 된다. 즉, 인덱스를 검색하여 12건이 추출되었고 테이블을 액세스한 것도 12건 일 때, 테이블을 액세스 한 후에 12건이 나왔다는 것은 인덱스에서 전혀 비효율이 없었다는 것을 의미한다. 따라서 AK_TAB010_1 인덱스의 구성은 'PNT_CLAS_CD_ + PRCS_D' 이어야 한다.

309 정답 ④

결과를 하나씩 받아서 순차적으로 조인하는 형태이므로 부분범위 처리에 가능하다.

310 정답 ④

온라인 프로그램은 동시 사용자가 많은 것을 전제로 하기 때문에 실행횟수가 많은 프로그램부터 튜닝을 진행하는 것이 전체 시스템의 성능을 향상시킨다. 예를 들어, 하루 100번 실행되는 프로그램을 3초에서 0.3초로 단축하는 효과(270초 개선)보다는 하루 만번 실행되는 프로그램을 0.3초에서 0.1초로 단축했을 때 효과(2000초 개선)가 크다.

311 정답 ③

SQL문의 결과가 False이면 리턴되는 값이 없으므로 NVL 함수가 수행되지 않는다. 그러나 그룹 함수를 사용하면 리턴되는 결과가 없더라도 항상 수행되기 때문에 결과가 False이면 null을 리턴한다. 즉, ①, ②, ④의 경우는 출력되는 행이 없지만, ③번의 경우는 그룹함수를 사용하였으므로 그룹함수가 null을 리턴하기 때문에 NVL 함수가 수행되고 결과는 'X'가 된다.

312 정답 ②

Sort-merge 조인의 비효율은 정렬작업 시에 Sort Area Size가 부족하면 디스크에서 정렬 작업을 수행하기 때문에 많은 오버헤드가 발생하게 되어 Sort Area Size를 훨씬 초과하게 되는 대용량 데이터의 조인은 정렬 작업의 부하로 인해 성능이 많이 저하되게 된다. 반면에, Hash 조인은 랜덤 액세스도 발생하지 않고 정렬 작업도 발생하지 않기 때문에 대용량 데이터의 조인 시에 좋은 성능을 발휘하게 된다.

313 정답 ③

실행계획의 실행 순서는 동일 레벨인 경우에는 위에서 아래와 레벨이 다른 경우에는 안에서 바깥으로 처리가 된다. 즉, 3라인과 5라인은 동일 레벨이므로 3라인이 실행된 후 5라인이 실행된다. 그런데, 3라인과 5라인은 각각 하위 레벨을 가지고 있기 때문에 3라인이 실행되기 위해서는 4라인이 먼저 수행하여야 하고 5라인이 수행되기 위해서는 6라인이 먼저 수행되어야 한다. 즉, 4-3-6-5가 된다. 이 단계가 처리되면 상위 레벨인 2라인과 1라인이 차례로 처리되게 된다.

314 정답 ④

애플리케이션은 한번만 수행되고 Loop내에서 반복 수행하는 경우에 나타나는 패턴이다.

315 정답 ②

col1과 col2 조건만 드라이빙 조건으로 사용될 수 있다.

316 정답 ③

주어진 술어가 모두 독립적으로 인덱스로 생성되어 있고 분포도가 좋다면 인덱스 머지가 발생할 수도 있지만 술어 조건이 전부 등호(=)로 비교되어야 한다.

317 정답 ③

①, ②, ④의 결과는
A001
A003
B001 이다.
③ 의 결과는
A001
A003
B001
B001 이다.

318 정답 ③

대용량 처리를 위해서 Hash 조인이 유리하며 Build-in Table의 사이즈가 작고 Probe-in Table 사이즈가 크도록 조인의 순서를 확인한다. Build-in Table 이 가용한 Hash Area Size 보다 클 경우에는 많은 시간이 소요된다.

319 정답 ③

NOT IN, ◇, NOT LIKE, NOT IN 등의 부정 연산은 인덱스를 사용할 수 없다. 결합 인덱스에서 선두 칼럼이 조건으로 제공되지 않으면 해당 인덱스를 사용할 수 없다.

320 정답 ②

Execute Rows(96427108)와 Fetch Rows (39923155)의 비율로 볼 때, DML과 배치처리 비율이 높은 시스템인 것으로 보이며 Fetch Count와 Fetch Rows의 비율을 볼 때 어느 정도 Array Processing이 이루어지고 있는 것으로 판단된다.

321 정답 ④

SELECT col1 FROM tab1 MINUS SELECT col2 FROM tab2
→ {B}
SELECT col1 FROM tab1 UNION ALL SELECT col2 FROM tab2
→ {A, B, C, A, C, D}
SELECT col1 FROM tab1 UNION SELECT

col2 FROM tab2
→ {A, B, C, D}
이다.

322 정답 ②
Unnesting Subquery에 대한 설명으로 SQL은
②번의 순서로 수행된다. 주의할 점은 서브쿼리는
메인쿼리 항목을 가지고 있기 때문에 먼저 수행될
수 없다는 사실이다. 메인쿼리에서 인덱스를 액세
스하고 테이블을 액세스한 후에 서브쿼리를 탐색
할 수도 있지만 이런 경우에는 (4)라인과 (3)라인
이 동일한 위치에서 시작되어야 한다. 그 외에는
안쪽부터 수행된다고 생각하면 된다. 간혹 일반
실행계획과 Unnesting Subquery의 실행계획을
혼돈하고 6-5-4-3-2-1 순으로 수행된다고 생각
할 수도 있지만 그것은 잘못된 오해이다.

323 정답 ④
NULL 값은 SUM, AVG, COUNT 등의 함수 연
산에 참여하지 않는다. SUM(col1)은 75이며,
SUM (col2)는 90, SUM(col3)은 20, SUM
(col1+col2+col3)은 140 이다.

324 정답 ④
조인 조건으로 반드시 등호(=)만을 사용할 수 있는
것은 아니다. >=, <=, between 등의 연산자를 모
두 사용할 수 있다.

325 정답 ①
배치프로그램의 개선은 전체 처리 시간을 개선하
기 위해서 전체 범위 처리, 병렬 처리, 조인 방식
등의 개선이 필요하다. 자원의 경합 감소를 위해
서 작업 계획을 실시한다.

326 정답 ①
①번의 실행 계획만이 온라인 프로그램으로 부분
범위 처리가 가능한 실행계획이다.

327 정답 ②
전체 사원을 대상으로 사원별 가족수가 계산된 후
에 해당 부서 사원이 조인이 된다.

328 정답 ③
Parse elapse/Execute elapse의 비율이 0.1 정
도 이상이면 Parsing Overhead가 있는 것으로
판단하는데, 여기에서는 3.74 정도의 수치가 나왔
으므로 Parsing Overhead가 매우 심각한 수준
임을 알 수 있다.

329 정답 ①
DML 실행으로 처리되는 건수는 성능 개선이 목
표가 아니고 DML 검증 요소이다.

330 정답 ④
select nvl(sum(col1 + col2)) from tab의 결과
는 90이며, select sum(nvl(col1,0) +
nvl(col2,0)) from tab의 결과는 110이다.

331 정답 ①
성능 개선 목표에 따라서 개선 대상과 범위를 설정
한다. 개선 대상은 트레이스 기능이나 모니터링
도구를 이용하여 실행 시간, 실행 횟수, 대기 시
간, 발생 I/O 등을 고려하여 시스템 자원을 많이
사용하는 순으로 선정한다.

332 정답 ①
낙관적 병행제어 알고리즘은 다수 사용자가 동시
에 같은 데이터에 접근할 경우가 적다고 보고 구현
한 알고리즘이고 비관적 병행 제어는 다수 사용자
가 동시에 같은 데이터에 접근할 경우가 많다고 보
고 구현한 알고리즘이다. 비관적 알고리즘에는
Locking이나 Timestamp Ordering이 있다.

333 정답 ④
일배치 작업은 익일 영업시간 전에 월배치 작업은
익월전에 작업이 완료되어야 Racing 현상이 발생
하지 않는다. 작업계획 시에 오조작이나 장해 등

을 대비하여 여유 수행시간을 확보할 수 있게 작업 계획을 세워야 한다. 재작업에 따른 절대 시간이 필요하므로 작업계획 시에 시간이 미확보되면 재작업이 불가능하다.

334 정답 ③

"직업 + 주민번호"로 생성된 결합 인덱스의 경우 직업은 드라이빙 조건으로 사용될 수 있지만 주민번호는 드라이빙 조건으로 사용될 수 없다

335 정답 ④

개별적인 SQL 개선은 가능하지만 전체 최적화는 불가능하다.

336 정답 ②

데이터가 INSERT될 때는 키 순서에 따라 지정된 위치에 저장되어야 하므로 데이터 페이지의 유지 비용이 매우 높다.(데이터 페이지의 Spit 발생 가능성이 높음.)

337 정답 ①

데이터베이스가 사용하는 메모리 영역에 따라서 Hit율을 일정수준 이상으로 유지한다면 메모리에 따른 성능 개선은 영향을 받지 않는다.

338 정답 ③

ORDER BY를 사용하여도 동일한 순서의 인덱스가 존재하면 부분범위 처리로 수행된다.

339 정답 ④

성능 문제는 데이터 모델, 데이터베이스 디자인, 프로그램 구조 등 데이터베이스 구축 전체 과정과 관련이 있으므로 데이터베이스 모니터링과 튜닝 도구로 모든 문제를 해결할 수는 없다.

340 정답 ②

실행 계획을 분리하지 않는다면 문제 '아래'의 SQL은 분포도가 가장 좋은 고객번호 인덱스를 사용하기 위한 실행계획이 수립될 가능성이 가장 높다. 그러나 고객번호가 입력되지 않는다면 인덱스

를 Full로 검색을 해야 하기 때문에 많은 오버헤드가 발생하게 된다. 문제의 사례와 같이 입력조건이 전부 옵션으로 되어 있다면 입력되는 조건에 따라 SQL이 수행될 수 있도록 실행계획을 분리하는 것이 가장 좋은 최적화 방안이다.

341 정답 ②

사용자 활용관리는 핵심 데이터 수집, 데이터 활용도 측정 기준 수립, 데이터 활용 측정, 활용 저하 원인 분석, 개선 방안 마련, 개선 활동 수행, 개선 활동 평가 등의 작업을 다룬다.

342 정답 ②

각 기업의 데이터 품질관리 프로세스를 지원하고 관리할 담당자와 조직을 정의하고 데이터 관리 원칙에 준하여 데이터 관리 프로세스 목록을 도출하는 것은 품질관리 프로세스를 정의하는 기준이 아니라 메인 프로세스를 정의하는 방법과 데이터 관리 조직에 대한 설명이다. 데이터 관리 조직은 메인 프로세스를 정의하는 기준에 포함되지 않는다.

343 정답 ③

데이터 관리정책 수립은 사업계획에 기반을 둔 기업의 비전과 목표를 달성하기 위해 필요한 데이터 확보 계획과 확보된 데이터를 효과적으로 관리·유지하기 위한 체계 및 계획을 정의하는 작업을 말한다. 세부적인 작업 내역으로는 데이터베이스 품질과 관련된 프로세스를 정의하고, 정의된 프로세스를 수행하는 작업주체를 선정하고, 선정된 작업주체가 해당 작업을 원활하게 수행할 수 있는 능력을 배양할 수 있는 교육체계를 수립하는 것이다.

344 정답 ①

데이터 관리정책 수립은 사업계획에 기반을 둔 기업의 비전과 목표를 달성하기 위해 필요한 데이터 확보 계획과 확보된 데이터를 효과적으로 관리, 유지하기 위한 체계 및 계획을 정의하는 작업을 말한다. 세부적인 작업 내역으로는 데이터베이스 품

질과 관련된 프로세스를 정의하고 정의된 프로세스를 수행하는 작업주체를 선정하고, 선정된 작업주체가 해당 작업을 원활하게 수행할 수 있는 능력을 배양할 수 있는 교육체계를 수립하는 것이다.

345 정답 ②

표준 단어는 지나치게 업무에 의존적이거나 방언을 사용해서는 안되며 약어의 사용도 최소화해야 한다.

346 정답 ③

①번은 데이터 표준 관리의 목적이다. 데이터 표준 관리를 위한 활동으로는 지속적인 표준화 교육과 개선, 모니터링 활동 등을 통해서 데이터 표준이 조직과 관련 담당자에게 체화되도록 한다. 데이터 표준은 현업의 의견이 반영되어야 하겠지만 관습적으로 잘못 사용된 용어를 모두 수용할 수는 없으므로 조정이 필요하다. 표준의 적용은 신규 개발 시점에서 이루어지고 기존 시스템과의 중복 표준이 허용될 수 있다. 표준 관리대상 및 적용 대상이 많을 경우에는 표준화 도구 등을 활용하여 자동화를 고려할 수 있다.

347 정답 ④

표준 단어사전을 정의할 경우 이음동의어, 동음이의어 처리에 주의해야 한다. 정의된 표준 단어는 표준화 원칙을 참고하여 영문명과 영문 약어명을 정의한다.

348 정답 ②

변경 영향도 평가 작업 시 누락된 영향 요소가 없는지 철저히 파악해야 한다.

349 정답 ④

요구 사항 관리에서 다루는 요건은 외부 인터페이스 요건, 기능 개선 요건, 성능 개선 요건, 보안 개선 요건이 있다.

350 정답 ②

보안 개선 요건은 다음과 같은 기준에 따라 관리되어야 한다. 첫째, 불가변성으로 보안 개선 요건이 향후에 재 변경되지 않도록 근본적인 개선 방안을 요청해야 하며, 둘째 실현 가능성으로 해당 보안 개선 요구 사항이 현행 기술 수준과 서비스 특성을 고려할 때 구현 가능한 요건인지를 확인한 후 제시되어야 한다.

351 정답 ④

가능한 범위의 데이터는 모두 코드화하여 관리한다. 즉, 텍스트로 직접 입력하는 값 보다 코드를 참조해 입력하는 값의 비중이 높을수록 정보 분석 결과물의 가치가 높다.

352 정답 ②

데이터 관리 정책의 수행을 위해서 활동을 위해서, 데이터 관리 원칙, 프로세스, 조직 등을 정의해야 하는데, B기업은 DBA 인력에게만 의존하여 데이터 관리를 하고 있고, 그에 상응하는 인력이 없기 때문에 해당 기업의 데이터 품질 관리는 일관성이 없어지는 문제가 발생할 수 있다. 이를 위한 해결방안으로 데이터 관리 원칙을 문서화하여 관리하고, 프로세스를 정의하며, 데이터 관리 담당자 선정 및 담당자별 역할을 명확하게 정의하여 데이터 관리를 수행해야 한다.

353 정답 ①

기 검증된 데이터 모델을 참조함으로써 데이터 모델의 정확성과 재 사용성을 높이고 일정 수준 이상의 설계 품질을 보장할 수 있다.

354 정답 ③

도메인은 여러 개의 하위 도메인(복합 도메인)으로 구성되거나 하나의 도메인이 여러 개의 도메인에 중복적으로 사용될 수 있다.

355 정답 ③

논리 데이터 모델 정의 작업 시에는 개념 데이터 모델의 인터페이스를 토대로 주제 영역 내의 연관 관계를 중심으로 설계 작업을 수행한다.

356 정답 ②

데이터 흐름 관리는 각 기관이 관리하고 있는 데이터가 생성, 변경되고 활용되는 라이프사이클을 관리함으로써 전사 데이터에 대한 현황 파악 및 최적화된 형태로 활용되고 있는지 확인 가능하다.

357 정답 ④

데이터 흐름 관리 프로세스는 데이터 추출(변환) 요건 검토, 소스 데이터 분석, 소스 데이터 추출(변환) 설계, 소스 데이터 추출(변환) 테스트, 소스 데이터 추출(변환) 검증, 소스 데이터 추출(변환) 모듈 반영, 소스 데이터 추출(변환) 모니터링이 있다.

358 정답 ①

핵심 데이터는 업무 프로세스 상의 중요성, 재무적 관점에서 관리의 필요성, 최종적인 사용자의 활용성 등을 기준으로 도출하여 해당 테이블의 칼럼 수준으로 관리한다.

359 정답 ④

흐름 관리 데이터란 임의의 정보시스템 데이터를 다른 정보시스템으로 이동할 때 소스 데이터와 타깃 데이터 간의 매핑 정보를 관리하는 데이터를 의미한다. 품질 관리 데이터란 데이터의 정합성 확보 및 데이터 품질의 유지, 개선을 위해서 기본적으로 관리되어야 할 데이터를 의미한다. 품질 관리 데이터를 관리함으로써 데이터의 비효율적 사용을 예방하고 운용 중에 발생할 수 있는 데이터의 부정합성으로 인해 데이터의 품질저하를 예방할 수 있으므로 운용 시스템 전반의 데이터를 고품질로 유지할 수 있다.

360 정답 ④

관리 데이터란 데이터베이스를 효과적으로 운영, 관리하기 위해 필요한 데이터를 의미하며, 사용 관리 데이터, 장해 및 보안 관리 데이터, 성능 관리 데이터, 흐름 관리 데이터, 품질 관리 데이터 등이 포함된다.

361 정답 ④

성능 측정 기준 정립은 성능 관리 데이터의 관리 방법이고, 나머지 세 개의 보기는 장해 및 보안 관리 데이터의 관리 방법에 해당된다.

362 정답 ②

표준 데이터를 관리함으로써 데이터에 대한 이해도 증가, 의사소통의 원활한 진행, 데이터 통합을 수월하게 진행하는데 많은 도움이 된다.

363 정답 ④

관리 데이터란 데이터베이스를 효과적으로 운영·관리하기 위한 필요 데이터를 의미하며 사용 관리 데이터, 장해 및 보안 관리 데이터, 성능 관리 데이터, 흐름 관리 데이터, 품질 관리 데이터 등이 해당된다. ①번은 사용 관리 데이터, ②번은 장해 및 보안 관리 데이터, ③번은 성능 관리 데이터에 대한 설명이며, ④번은 업무 데이터 중 원천 데이터에 대한 설명이다.

364 정답 ②

경우에 따라서는 개념 데이터 모델의 상위 모델인 개괄 데이터 모델을 둘 수 있다. 개괄 모델은 데이터 영역과 데이터 집합을 업무 영역에 국한하지 않고 전사적 관점에서 정의하는 것이다. 각 데이터 영역은 다른 데이터 영역과 관계를 가질 수 있으며 기업의 이익 관점이 아닌 공익적인 관점에서 공통으로 사용되는 속성을 보다 원시화된 형태의 수준으로 정의할 수 있다. 또한 데이터 구조의 세부 관리 대상은 개별적 항목으로 관리하는 것이 아니라 ERD로 표현하여 관리해야 한다.

365 정답 ④

완전성 - 모델 데이터는 개념데이터 모델, 논리데이터 모델, 물리 데이터 모델, 데이터베이스와 같은 데이터 구조 각 단계 데이터 모델에 대한 모든 메타 데이터를 포함해야 한다.
일관성 - 모델 데이터는 단어, 용어, 도메인 및 데이터 관련 요소 표준을 준수해 정의해야 한다.

상호 연계성 – 모델 데이터는 데이터 구조를 입체적, 체계적으로 관리할 수 있도록 데이터 구조 각 단계 데이터 모델간의 상호 연관 관계를 표현해야 한다.

366 정답 ④

물리 데이터 모델의 관계는 부모 테이블과 자식 테이블 간의 데이터 생성, 변경, 삭제 규칙등을 정의할 수 있다. 관계는 업무 규칙이므로 DBMS 수준에서 관리할 것인지 애플리케이션 수준에서 관리할 것인지를 먼저 결정해야 하며 트리거에 의한 자동 변경은 DBMS 오류 시에 추적의 어려움이 있으므로 최소화해야 한다.

367 정답 ③

개념 데이터 모델은 건축물의 조감도와 같이 구축하고자 하는 업무 모델의 핵심 데이터 구조를 그림으로써 전체 업무에 대한 큰 윤곽을 잡고 세부적인 단계로 나아갈 수 있게 한다.

368 정답 ④

선택성은 핵심 관계의 관리 기준에 해당된다.

369 정답 ④

①번에서 ③번은 순서대로 모델 데이터의 완전성, 일관성, 상호 연계성에 대한 설명이며, ④번은 흐름 관리 데이터의 유효성에 대한 설명이다.

370 정답 ④

사용자 뷰는 데이터 품질 관리의 전반에 걸쳐 수행한 작업의 결과물이며 사용자에게 제공되는 최종 산출물이다. 따라서, 데이터에 대한 만족도를 극대화하기 위해서는 사용자 View를 사용자가 요구하는 수준에 따라 개발, 관리되어야 한다.

371 정답 ③

①번은 데이터 참조모델의 정보 이용성에 대한 설명이고, ②번은 논리 데이터 모델의 속성 일관성에 대한 설명이고, ③번은 개념 데이터 모델에서

주제 영역의 원자성에 대한 설명이고, ④번은 물리 데이터 모델의 테이블 식별성에 대한 설명이다. 개념 데이터 모델은 건축물의 조감도와 같이 구축하고자 하는 업무 모델의 핵심 데이터 구조를 그림을 통해 전체 업무에 대한 큰 윤곽을 잡고 세부적인 단계로 나아갈 수 있게 한다.

372 정답 ③

표준 단어를 정의함으로써 업무상 편의나 관습에 따라 동일한 단어를 서로 다른 의미로 사용하는 경우, 혹은 하나의 단어에 다양한 의미를 부여하여 사용하는 경우 등의 문제를 방지할 수 있다.

373 정답 ④

①, ②, ③은번은 핵심 엔터티에 대한 설명으로 각각 식별성, 사용성, 관계성에 대한 설명이다. ④번은 핵심 관계의 선택성에 대한 설명이다.

374 정답 ①

데이터 관리 정책 수립 후에는 데이터 관리자(Data Administrator)가 개념적 관점에서 데이터 품질 관리 활동을 해야 하는데, 이 단계와 연관된 품질 관리 대상은 표준 데이터, 개념 데이터 모델 및 데이터 참조모델, 데이터 표준 관리 및 요구사항 관리이다. ①번은 데이터 모델 관리에 대한 설명이고, ②번은 개념 데이터 모델, ③번은 요구사항 관리, ④번은 표준 데이터에 대한 설명이다.

375 정답 ①

②, ③, ④번은 속성의 관리 기준으로 각각 원자성, 일관성, 무결성, 정보성에 대한 설명이다. ①번은 엔터티의 영속성에 대한 설명이다.

376 정답 ③

데이터 관리 원칙은 데이터아키텍처(Data Architecture) 원칙 변화에 의한 불가피한 경우를 제외하고는 쉽게 바뀌지 않도록 정의해야 한다.

377 정답 ①

속성의 관리 기준은 원자성, 일관성, 무결성, 정보성이 있다.

378 정답 ②

인덱스는 업무 요건에 따라 다양하게 정의할 수 있으나 구성하는 칼럼의 중복도가 높을수록
저장 공간의 낭비와 데이터 입력, 삭제, 갱신 시에 오히려 속도에 악영향을 줄 수 있다.

379 정답 ①

데이터베이스 관리 프로세스는 데이터베이스 생성, 백업 주기 및 스케줄 정의, 데이터베이스 백업 수행, 데이터 보안 대상 선정, 데이터 보안 적용, 데이터 보안 교육 수행, 데이터베이스 성능 개선, 데이터 보안 개선, 데이터베이스 복구, 테스트 데이터베이스 변경, 데이터베이스 이관 등이 있다.

380 정답 ②

데이터 흐름 점검 지표 생성은 데이터 흐름 점검 기준별로 구체적인 데이터 흐름의 정합성을 체크할 수 있는 지표들을 도출한다. 각각의 지표들은 데이터 흐름에 대한 정합성을 체크할 수 있는 구체적인 데이터 이동 규칙들을 생성하고, 가능하다면 이것들이 시스템에서 실제로 스케줄링 되어 실행되고 주기적으로 체크될 수 있는 형태로 도출되어야 한다.

381 정답 ③

데이터 품질관리 프레임워크에서 다루는 데이터 품질관리 요소는 데이터 값, 데이터 구조, 데이터 관리 프로세스이다.

382 정답 ②

표준 단어는 정보시스템 구축 대상 업무 범위에서 사용하고 있거나 일반적으로 사용되는 사전적 의미의 단어 가운데에서 추출해야 하며, 지나치게 업무에 의존적이거나 방언을 사용하지 않아야 한다. 또한 약어의 사용도 최소화해야 한다.

383 정답 ②

표준 용어에 대한 설명이다.

384 정답 ④

분석 데이터에 대한 설명이다.

385 정답 ③

운영 데이터에 대한 품질 기준을 이해하고 있는지 여부를 묻는 문제로, 정확성은 원천 데이터와의 일치 여부이고, 완전성은 데이터가 완전한 형태로 업무에 활용할 수 있는 상태로 보유하고 있는지의 여부이다. 최신성은 저장 데이터가 가장 최신의 형태와 값을 유지하고 있는지의 여부이며, 일관성은 데이터가 용어 정의, 표준, 속성 정의, 데이터 형식 등에 부합하는지 여부이다. 문제에서 요구하는 것은 주소 데이터가 오류나 null 값 없이 모두 완전하게 저장되어 있지만 최신의 값과 일치하지 않아 반송되는 경우는 의미하고 있다.

386 정답 ④

①, ②, ③은 주제 영역에 대한 관리기준을 설명한 것으로 각각 원자성, 집중성, 업무지향성에 해당한다. ④는 핵심 엔티티에 대한 관리기준으로 관계성에 대한 설명이다.

387 정답 ①

개념 데이터 모델에 대한 설명이다.

388 정답 ④

논리 데이터 모델은 다루는 대상에 대한 상세하게 정의될 수 있는 모든 정보를 포함해야 하며(완전성), 업무에서 다루는 모든 데이터 구조를 구체적으로 정의해야 한다(구체성). 또한 업무에서 다루는 모든 데이터 구조를 최신의 내용으로 관리해야 한다(최신성). 그러나 완전한 구조의 정의 자체가 애매하고 범위를 정할 수 없기 때문에 업무에서 다루는 모든 데이터에 대한 완전한 구조를 정의할 수는 없다.

389 정답 ④

개념 모델과 논리 모델에서의 관계(Relationship)의 관리 기준은 선택성, 기수성(관계 형태), 관계 명칭이다.

390 정답 ②

NOT NULL, DEFAULT, FOREIGN KEY, CHECK 등은 칼럼에 대해 적용될 수 있는 제약조건이며, CASCADE는 물리 모델에서 부모 테이블과 자식 테이블 간의 관계에 적용되는 생성·삭제 규칙의 하나이다.

391 정답 ①

데이터의 효과적인 확보, 유지 관리를 위해 수립된 규정이나 계획, 지침 등에 포함된 데이터 관리 방향이 의미하는 것은 데이터 관리 원칙이다. 데이터 관리 정책은 데이터 관리 원칙, 데이터 관리 조직, 데이터 관리 프로세스를 포괄하는 개념이다.

392 정답 ③

데이터 관리 조직 정의 시 이에 대한 관리 기준 중 명확성은 데이터 관리를 담당할 관리자가 선정되어 있고 담당자별로 수행해야 할 역할이 명확하게 정의되어 있어야 함을 의미한다. 문제에 명시한 설명은 누가 수행해야 하는지에 대해 명확하게 지정하고 있지 않기 때문에 명확성 측면에서 보완이 필요하다.

393 정답 ④

데이터 관리 프로세스는 변화 관리, 프로젝트 관리 등 기존의 다른 프로세스와 상호 연관관계가 명확하게 정의되어 적용함에 문제가 없어야 한다.

394 정답 ①

데이터 흐름 정의 프로세스는 데이터 표준 관리 프로세스와 직접적인 연관성이 가장 적다.
그러나 데이터 모델 정의나 데이터베이스 정의는 명명규칙, 데이터 표준 등에 영향을 받기 때문에 데이터 표준 관리 프로세스와 직접적인 연관이 있고, 데이터 관리 정책 수립 프로세스 또한 표준화 요구사항 수집 시 데이터 관리 정책에 영향을 받기 때문에 직접적인 연관이 있다고 할 수 있다.

395 정답 ④

저장된 데이터의 값이 업무 규칙 수립에 중요한 기준이 되는 것이 아니라 업무 규칙에 맞게 데이터 값이 저장되고 관리되어야 한다.

396 [표준화 정의서]

1. 데이터 표준화 기본원칙

표준화 기본원칙이라는 것은 세부 지침을 구성하는 대 원칙에 준하는 내용으로 구체적으로 정의하지 않고 반드시 준수해야 할 기본사항에 대한 부분을 정의한다. 이는 각 구성요소별 세부 원칙이 있기 때문이다. 표준화 기본원칙을 정의하는 경우, 현행 시스템에서 기 사용하고 있던 표준화 원칙 문서의 분석을 통한 개선사항들을 찾아서 정리하고, 아울러 시스템을 운영해오면서 필요했던 추가적인 보완사항 및 시정할 사항에 대한 내용을 전체적인 관점에서 누락 없이 정리하고 이를 포함하여 작성 한다.

구성요소	표준화 기본원칙 내용
공통 원칙	관용화된 용어를 우선하여 사용한다.
	영문명 전환시, 발음식은 지양한다.
	일반적인 명명규칙 시 띄어쓰기는 하지 않는다.
	한글명에 대해서는 복수의 영문명을 허용하지 않는다.(동음이의어 불가)
표준 용어	'~일자', '~일' 등 날짜를 의미하는 용어는 '~일자'로 통일하여 사용한다.
	용어는 띄어쓰기를 허용하지 않는다.
	용어의 길이는 한글의 경우 12자 이내, 영문의 경우 24자 이내로 제한한다.
	영문약어의 경우 5자 이내로 제한한다.
표준 코드	코드성 속성은 가급적 맨뒤에 '코드'를 붙여 명명하도록 한다.
	코드는 알파벳과 문자열을 조합하여 일정한 길이로 구성한다.
	코드 속성에는 기본적으로 문자열인 코드 도메인을 지정한다.
	코드는 전체 모델 내에서 유일하게 정의한다.
표준 도메인	표준 도메인은 기본적으로 Number, String, Datetime으로 정의한다.
	원화금액 도메인은 (18,0)로 정의한다.
	외화금액 도메인은 (18,2)로 정의한다.
	상세 도메인의 구별이 필요한 경우는 별도의 원칙으로 정의한다.

2. 표준용어

표준용어 작업은 기업의 비즈니스를 이해하는 가장 중요한 작업이다. 따라서 해당 기업에서 사용하는 업무적 용어에 대한 뜻과 의미를 전사적으로 통일되고 정확하게 정리해야 한다. 이는 현업 및 정보시스템 사용자를 비롯한 외부 관련자들까지도 당사의 비즈니스를 정확하게 이해할 수 있는 효율적인 의사소통의 연결 도구이다.

표준용어	설명
프로젝트	당사에서 관리하는 사업의 수행단위
발주처	당사가 수주한 프로젝트를 발주한 업체
프로젝트기간	프로젝트 수행기간에 필요한 시작일과 종료일의 기간
수주금액	프로젝트 수주금액으로서 부가세가 포함된 금액으로 관리
PM	프로젝트를 책임지고 수행하며 산출물 공급의 책임을지는 당사 대표
PL	프로젝트 관리자를 도와 성공적으로 종료될 수 있도록 지원하는 리더

프로젝트팀원	프로젝트 수행을 위해 구성된 직원들을 말함
요구사항명	발주처가 프로젝트에 요구하게되는 업무적인 요건
등록일자	발주차가 요청한 요구사항을 요구사항관리시스템에 등록한 일자
분석자	요구사항에 대한 정확한 내용 및 리스크를 파악하는 직원
확정일	요구사항에 대하여 고객이 확정한 일자
우선순위	고객의 요구사항에 대하여 대응 및 진행 우선순위를 결정
리스크등급	요구사항을 구현하는데 예상되는 리스크에 대한 등급
해소일자	등록된 리스크가 해소된 일자
적용부문코드	고객으로부터 접수된 요구사항의 유형을 구별하기 위한 구분값
역할구분코드	프로젝트에 투입된 직원들의 역할을 구분하기 위한 값

3. 표준코드

표준코드	표준값	설명
역할구분코드	1	프로젝트 관리자
	2	프로젝트 리더
	3	프로젝트 팀원
적용부문코드	1	인프라관련 요구사항
	2	DB관련 요구사항
	3	애플리케이션관련 요구사항
	4	관리체계관련 요구사항
	5	공통 요구사항

표준코드를 정의한다는 것은 수 많은 값에 대한 분류를 한다는 것과 이를 활용한 분석을 하는 것을 함께 염두에 두고 작업을 한다. 데이터 관리의 최종 목적은 다양한 데이터를 이용한 효율적인 분석 작업의 결과로 경영의 의사결정을 지원하는 것으로 이는 표준코드로부터 시작한다.

4. 표준도메인

도메인유형	도메인	도메인값
문자	ID	VARCHAR(10)
	명	VARCHAR(100)
	개요	VARCHAR(200)
	설명	VARCHAR(1000)
	내용	VARCHAR(1000)
일자	년도	CHAR(4)
	년월	CHAR(6)
	일자	Date
	일시	Timestamp
금액	차수	NUMBER(5)

도메인유형	도메인	도메인값
금액	비율	NMBER(5,2)
	원화금액	NUMBER(18,0)
	외화금액	NUMBER(18,2)
번호	주민등록번호	VARCHAR(13)
	사원번호	Number(6)

표준용어, 표준코드를 정의하였다면 이제는 각 표준용어가 시스템에서 관리되기 위해 필요한 물리적 자릿수를 결정하기 위한 도메인 표준을 정의하고 모든 표준용어에 정의된 도메인을 할당함으로써 표준을 준수하고 유지보수를 용이하게 할 수 있다.

[논리 데이터 모델]

Barker표기법

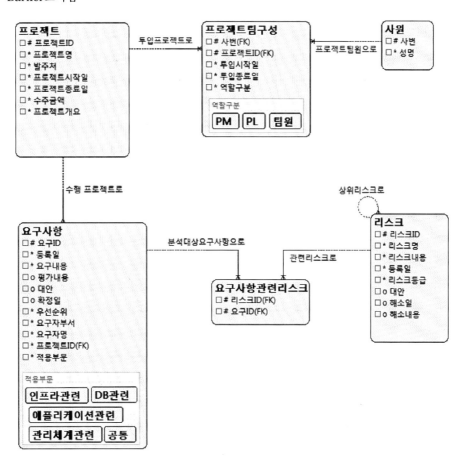

IE표기법

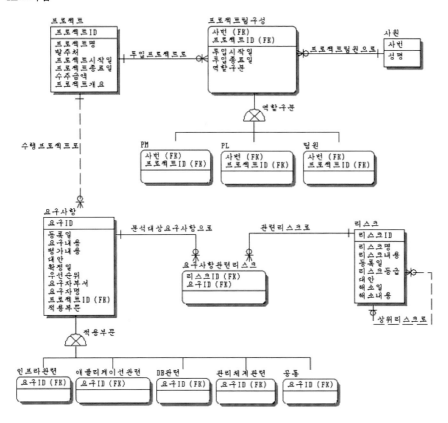

● 키 포인트는 다음과 같다.

  ▷ 지문 상에서 엔터티 후보를 도출하여 자격 여부를 평가하고 정의하는데 있어서 서브타입 적용 필요성을 살
   펴 보아야 한다. 데이터 모델링 주관식 문제는 항상 서브타입 정의가 필요한 내용이 출제되며, 필요한 서브
   타입의 내용과 구성은 이미 지문 상에 제시되어 있기 때문에 이를 찾아내어 충실하게 표현해야 한다.

  ▷ 서브타입 정의를 요구하는 문제에서 구분(유형)코드 엔터티로 서브타입을 대체하도록 작성한 것은 인정하
   지 않는다. 응시자가 서브타입 표현을 통해 집합의 상세 내역을 정의할 수 있는지를 평가하는데, 서브타입
   을 표현하지 않고 이를 코드 엔터티로 대체하면 서브타입을 제대로 파악했는지 확인할 수 없기 때문에 문제
   의 의도에 맞지 않는 답안이 된다.

  ▷ 다대다 관계는 반드시 최종 레벨까지 풀어야 한다. 다대다 관계를 그대로 둔 상태에서는 문제에서 요구하는
   '최적의 논리 데이터 모델'이 될 수 없기 때문에 제대로 인정을 받을 수 없다.

  ▷ 식별자는 본질식별자를 기준으로 정의해야 한다. 데이터 모델링 주관식 문제는 엔터티를 제대로 도출하여
   정의할 수 있는지를 평가하는 것이 점수의 상당한 부분을 차지 하는데, 엔터티 정의가 제대로 되었는지를 평
   가하는 중요한 부분 중의 하나가 의미상의 주어이기 때문에 이 점을 간과하면 제대로 인정을 받기가 어렵다.

- 문제의 지문은 모두 여섯 개의 문단으로 구성되어 있다. 각 문단에서 답안 작성에 필요한 엔터티와 속성, 관계 등의 내용을 도출해야 한다.

- 지문의 첫 번째 문단은 대체로 배경과 목적, 개발 시스템의 전반적인 아우트라인 등에 대한 내용을 담고 있다.

- 두 번째 문단은 수주한 프로젝트에 대한 정보를 관리하기 위한 엔터티를 표현하고 있다. 프로젝트에 대한 정보를 관리하므로 엔터티명은 '프로젝트'나 '프로젝트정보' 등이 될 수 있다. 그러나 엔터티명 부여 시 '~정보'와 같은 방식의 명명은 좋은 방법이 아니다. 이 문단에는 해당 엔터티에 들어갈 속성 구성이 나타나 있으며, 프로젝트ID가 식별자임을 표시하고 있다.

- 세 번째 문단은 프로젝트 투입인력을 관리하는 엔터티에 대한 내용이다. 프로젝트에 투입하는 인력에 대해 PM, PL, (프로젝트)팀원이라는 역할 구분이 있다고 하였으므로 이들은 프로젝트 투입인력 집합에 대한 서브타입을 의미한다. 프로젝트팀에 선정된 인원들에 대한 투입기간을 관리해야 한다고 했으므로 프로젝트 투입시작일자와 투입종료일자가 중요한 속성이 됨을 의미한다. 세 번째 문단의 마지막 문장인 '모든 인원들은 임의의 시점에 하나의 프로젝트에만 투입된다.'고 한 것은 프로젝트 투입 시기에 대한 항목이 식별자로 고려될 필요는 없음을 의미한다.

  여기서 '프로젝트 투입인력'이라는 단어가 '프로젝트 투입'이라는 행위와 '인력'이라는 개체의 결합임을 파악했다면, 프로젝트에 투입하는 '인력'들 자체에 대한 정보를 관리하는 엔터티를 도출하여 정의할 수 있는데, 이들이 모두 이 회사에 근무하는 사원들이라는 명시는 없으나 외부인력을 투입할 수도 있다는 명시도 없으므로, 투입입력이 모두 사원이라고 전제하고 사원 엔터티를 도출하여 '프로젝트 투입'이라는 행위(또는 행위 집합)가 프로젝트와 사원 엔터티 간의 연결 엔터티(Associative / Relational Entity)가 되도록 구성하는 것이 적절하다. 여기서는 이 행위 집합을 '프로젝트팀 구성'이라 명명하였는데, '프로젝트 투입'이라 명명해도 무방하다.

- 네 번째 문단은 프로젝트에서 수집된 요구사항에 대한 관리를 위한 엔터티가 있어야 함을 의미한다. 요구사항의 적용부문을 '인프라관련', '애플리케이션관련', 'DB관련', '관리체계관련', '공통' 등으로 구분한다고 표현한 지문의 내용은 '요구사항적용부문구분'이라는 코드 속성으로 볼 수도 있겠으나, 여기서는 요구사항 집합을 식별하는 중요한 속성임을 의미하여 서브타입으로 나타내는 것이 적절하다. '각 요구사항에 대해~'라고 한 문장은 요구사항 집합의 각 인스턴스별로 관리할 속성 항목을 의미하며, 마지막 문장의 '부서와 이름을 직접 기술하기로 했다.'는 부분은 요구자의 부서와 이름이 다른 엔터티와의 관계로부터 생성되지 않고 직접 텍스트로 기술하는 속성이라는 의미이다.

- 다섯 번째 문단은 요구사항 구현에 따른 '리스크'를 관리하는 엔터티와 그 속성 구성을 의미한다. '하나의 리스크는 여러 개의 요구사항과 관련이 있거나 반대로 여러 개의 리스크가 하나의 요구사항과 관련이 있을 수도 있으며'라고 한 부분은 요구사항과 리스크가 M:M 관계임을 의미한다. 그리고 '하나의 리스크는 다시 여러 개의 리스크로 세분될 수도 있다.'라고 한 부분은 리스크 간에 상-하위 계층을 관리하기 위한 순환관계가 있음을 의미한다.

  여기서 요구사항과 리스크 간의 M:M 관계는 '요구사항관련리스크'라는 연관엔터티(Associative/ Relational Entity)를 도출하여 요구사항 및 리스크와 각각 1:M 관계로 풀어서 작성해야 한다.

- 여섯 번째 문단은 전체 지문의 맺음말 성격으로, 지문에서 요구하는 논리 모델의 내용에 대한 사항은 포함하고 있지 않다.

397 [표준화 정의서]

1. 데이터 표준화 기본원칙

표준화 기본원칙이라는 것은 세부 지침을 구성하는 대 원칙에 준하는 내용으로 구체적으로 정의하지 않고 반드시 준수해야 할 기본사항에 대한 부분을 정의한다. 이는 각 구성요소별 세부 원칙이 있기 때문이다. 표준화 기본원칙을 정의하는 경우, 현행 시스템에서 기 사용하고 있던 표준화 원칙 문서의 분석을 통한 개선사항들을 찾아서 정리하고, 아울러 시스템을 운영해오면서 필요했던 추가적인 보완사항 및 시정할 사항에 대한 내용을 전체적인 관점에서 누락 없이 정리하고 이를 포함하여 작성 한다.

구성요소	표준화 기본원칙 내용
공통 원칙	관용화된 용어를 우선하여 사용한다.
	영문명 전환시, 발음식은 지양한다.
	일반적인 명명규칙 시 띄어쓰기는 하지 않는다.
	한글명에 대해서는 복수의 영문명을 허용하지 않는다.(동음이의어 불가)
표준 용어	'~일자', '~일' 등 날짜를 의미하는 용어는 '~일자'로 통일하여 사용한다.
	용어는 띄어쓰기를 허용하지 않는다.
	용어의 길이는 한글의 경우 12자 이내, 영문의 경우 24자 이내로 제한한다.
	영문약어의 경우 5자 이내로 제한한다.
표준 코드	코드성 속성은 가급적 맨뒤에 '코드'를 붙여 명명하도록 한다.
	코드는 알파벳과 문자열을 조합하여 일정한 길이로 구성한다.
	코드 속성에는 기본적으로 문자열인 코드 도메인을 지정한다.
	코드는 전체 모델 내에서 유일하게 정의한다.
표준 도메인	표준 도메인은 기본적으로 Number, String, Datetime으로 정의한다.
	원화금액 도메인은 (18,0)로 정의한다.
	외화금액 도메인은 (18,2)로 정의한다.
	상세 도메인의 구별이 필요한 경우는 별도의 원칙으로 정의한다.

2. 표준용어

표준용어 작업은 기업의 비즈니스를 이해하는 가장 중요한 작업이다. 따라서 해당 기업에서 사용하는 업무적 용어에 대한 뜻과 의미를 전사적으로 통일되고 정확하게 정리해야 한다. 이는 현업 및 정보시스템 사용자를 비롯한 외부 관련자들까지도 당사의 비즈니스를 정확하게 이해할 수 있는 효율적인 의사소통의 연결 도구이다.

표준용어	설명
설비번호	육류가공식품을 생산하기 위한 설비를 관리하기 위해 회사 내부적으로 부여된 번호
설비명	육류가공식품을 생산하기 위한 설비 명칭
모델명	설비 교체 및 수리시 신속하게 하기 위해 설비의 세부 모델명을 관리
관리부서	육류가공식품을 생산하기 위한 설비를 구입하고 관리하는 주관부서
작업의뢰번호	육류가공식품 설비가 고장이난 경우 수리의뢰건당 부여된 작업의뢰번호
작업의뢰일자	공무부서에 수리를 의뢰한 일자

표준용어	설명
작업의뢰구분코드	긴급의뢰와 일반의뢰를 구분하기 위한 값
고장발생일자	해당 설비가 고장이 발생하여 사용할 수 없게 된 일자
작업시작일자	공무부서가 고장난 설비에 대한 수리실적을 관리하기 위해 관리하는 수리작업시작일자
작업종료일자	공무부서가 고장난 설비에 대한 수리실적을 관리하기 위해 관리하는 수리작업종료일자
작업구분코드	자체수리인지 외부수리인지를 구별하기 위한 값
업체구분코드	외부수리인 경우 수리를 담당하는 업체의 성격을 구분
사업자번호	설비를 구입 또는 수리하는 업체의 사업자번호
고객번호	설비를 구입 또는 수리하는 업체를 관리하기 위해 부여된 고객번호
연락전화번호	설비를 구입 또는 수리하는 업체의 주 연락전화번호, 대표전화번호를 말함
고객구분코드	설비를 구입 또는 수리하는 회사가 개인사업자인지 법인인지를 구별하는 값
투자코드	설비를 구입 또는 수리하는 법인과 당사가 진행하는 투자사업에 부여된 별도의 관리코드

3. 표준코드

표준코드	표준값	설명
의뢰구분코드	1	긴급의뢰
	2	일반의뢰
작업구분코드	1	사내 자체작업
	2	설비업체 외주작업
고객구분코드	1	개인사업자
	2	법인사업자
업체구분코드	1	구입업체
	2	제작업체
	3	설치업체
	4	수리업체

표준코드를 정의한다는 것은 수 많은 값에 대한 분류를 한다는 것과 이를 활용한 분석을 하는 것을 함께 염두에 두고 작업을 한다. 데이터 관리의 최종 목적은 다양한 데이터를 이용한 효율적인 분석 작업의 결과로 경영의 의사결정을 지원하는 것으로 이는 표준코드로부터 시작한다.

3. 표준도메인

도메인유형	도메인	도메인값
문자	명	VARCHAR(100)
	개요	VARCHAR(200)
	설명	VARCHAR(1000)
	내용	VARCHAR(1000)
	주소	VARCHAR(100)
일자	년도	CHAR(4)

일자	년월	CHAR(6)
	일자	Date
	일시	Timestamp
금액	원화금액	NUMBER(18,0)
	외화금액	NUMBER(18,2)
번호	주민등록번호	VARCHAR(13)
	사원번호	Number(6)
	전화번호	CHAR(12)
	고객번호	CHAR(12)
	사업자등록번호	CHAR(13)

표준용어, 표준코드를 정의하였다면 이제는 각 표준용어가 시스템에서 관리되기 위해 필요한 물리적 자릿수를 결정하기 위한 도메인 표준을 정의하고 모든 표준용어에 정의된 도메인을 할당함으로써 표준을 준수하고 유지보수를 용이하게 할 수 있다.

[논리 데이터 모델]

Barker표기법

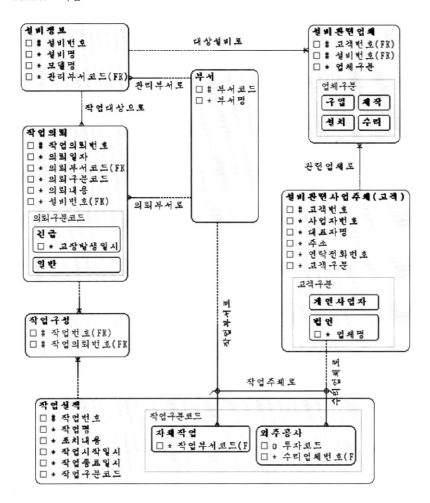

IE표기법

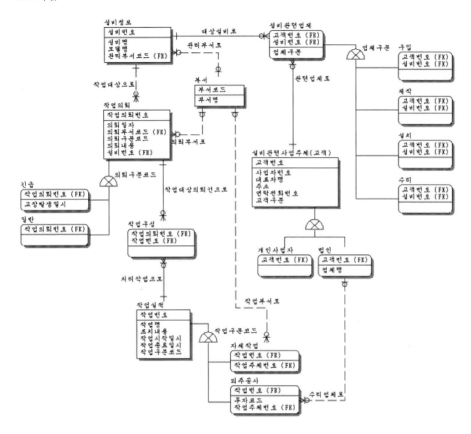

● 문제의 지문은 모두 네 개의 문단으로 구성되어 있다. 각 문단에서 답안 작성에 필요한 엔터티와 속성, 관계 등의 내용을 도출해야 한다.

● 첫 번째 문단은 대체로 배경과 목적, 대상 시스템의 전반적인 아우트라인 등에 대한 내용을 담고 있다. 즉, 어떤 시스템(또는 업무)에 대한 데이터 모델을 작성하여야 하는 것인지를 담고 있다.

● 두 번째 문단은 '작업의뢰' 라는 엔터티에 대한 내용이다. '언제, 어느 부서에서 어떤 설비에 대해' 라는 부분은 작업의뢰 엔터티의 의미상의 주어를 의미한다. '언제' 는 의뢰일자 속성을, '어느 부서' 는 '부서' 라는 부모 엔터티가 있음을, '어떤 설비' 는 '설비' 라는 부모 엔터티가 있음을 의미하며, '설비' 에 대한 상세 내용은 세 번째 문단에서 설명된다.
작업의뢰가 사안에 따라 긴급의뢰와 일반의뢰로 구분할 수 있다는 것은 두 개의 서브타입이 있음을 의미한다. '고장 발생으로 긴급 복구가 필요한 경우는 고장발생일시와 함께 긴급의뢰로' 하고 한 부분은 긴급의뢰 서브타입의 독자적인 속성으로 '고장발생일시' 가 있음을 의미한다.

● 세 번째 문단은 관리 대상(의뢰 대상)인 '설비' 에 대한 내용을 담고 있다. 여기에는 설비번호, 설비명, 모델명, 구입처, 제작업체, 설치업체, 수리업체 등의 속성이 있음을 표현하고 있는데, 해당 설비에 대한

구입처, 제작업체, 설치업체, 수리업체 등은 종류별로 하나 이상일 수 있다고 했기 때문에 1차 정규화에 의해 이들은 '설비관련업체'라는 엔터티로 독립해야 한다. 이때 설비관련업체 엔터티에서 구입처, 제작 업체, 설치업체, 수리업체 등을 각각의 속성으로 보면 복수 업체 존재 때문에 또 다시 1차 정규화 문제 가 발생하게 된다. 그러므로 업체가 설비와 어떤 업무로 관련을 갖고 있는지를 의미하는 '업무구분'으 로 '구입', '제작', '설치', '수리' 등의 구분이 있음으로 보고 이들을 설비관련업체 엔터티의 서브타입 으로 보아야 한다.

● 세 번째 문단에서 '이와 관련하여~'라고 한 부분 이후의 내용은 '업체' 자체에 대한 내용으로, 일반적 으로 '고객'이라고 볼 수도 있으나, 고객에 대하여 더 이상의 언급이 없기 때문에 '설비관련사업주체'라 는 명칭으로 업체 집합을 명명했다. 업체에 대해 '법인', '개인사업자'로 구분된 서브타입이 있고, 이들 의 공통 속성을 제시하는 동시에 법인 서브타입의 개별 속성으로 업체명이 있음을 표현하고 있다.

● 설비관련업체 엔터티에서 각 업체에 대한 상세정보를 별도로 관리하는 설비관련사업주체 엔터티에 대 한 내용이 제시됨으로써 설비관련업체 엔터티는 설비 엔터티와 설비관련사업주체(업체, 고객) 엔터티의 연결 엔터티(Associative/Relational Entity)가 되게 된다.

● 네 번째 문단은 의뢰된 작업을 처리하는 '작업구성'과 각 작업에 대한 '작업실적' 관리에 대한 내용을 담고 있다. '몇 개의 의뢰를 묶어서 한 번의 작업으로 처리하거나 몇 개의 작업으로 분할하여 처리'한다 는 내용은 공무부서가 수행하는 '작업'이 '작업의뢰'와 M:M 관계로 연결됨을 표현하고 있다. M:M 관 계는 풀어서 답안을 작성해야 하므로 '작업구성'이라는 명칭으로 연결엔터티를 도출하여 정의한다.

● 이 '작업'에 대한 내용은 '작업실적'이라는 단어를 통해 설명하고 있으므로, 이 '작업'을 의미하는 엔터 티의 명칭은 '작업실적'으로 한다. 이 작업의 구분이 '자체작업'과 '외주공사'로 나누어 볼 수 있다고 하였고, 또한 각 구분에 따라 다른 업무 형태가 발생하므로, 이들을 작업실적 엔터티의 서브타입으로 정 의한다.

● 작업 실적에 대한 작업주체가 공무부서들 중 하나이거나 외부의 수리업체라고 하였는데, 자체작업인 경 우는 어느 부서가 작업했는지를 관리한다고 했으므로 '자체작업' 서브타입은 '부서' 엔터티와 관계를 가져야 함을 알 수 있다. '외주공사'는 외부의 수리업체가 작업주체가 되므로 설비관련사업주체 중 수 리업체에 해당하는 업체가 '외주공사' 서브타입과 관계를 갖고 있음을 알 수 있다. 여기서 '작업실적' 엔터티에 대한 '작업주체'로 '부서'나 '설비관련사업주체'가 관계를 갖는다는 것은 이들이 작업실적 엔 터티에 대해 배타관계로 연결됨을 의미한다. 단, 배타관계의 각 작업주체 엔터티들은 관계를 갖는 경우 가 명확하므로 각 서브타입과 관계를 갖고 있는 배타관계로 표현하는 것이 더 구체적인 표현이 된다.

● '작업실적을 관리하기 위해 작업번호를 부여하고, 작업명과 조치내용, 작업시작일시와 종료일시를 관리 하며'라는 내용은 작업실적 엔터티의 공통속성을 의미하고, 외주공사 서브타입에 대해서는 투자코드 라는 개별 속성이 있음을 표현하고 있다. 각 서브타입에 대해 '작업부서'와 '수리업체'라는 부서나 외 부 업체의 참여 역할이 명시되어 있으므로 각각의 관계에 대해 '작업부서로', '수리업체로'와 같은 관계 명을 명시해야 한다.

● '외주공사에 대한 수리업체는 대상 작업에 포함된 설비에 따라 하나 이상일 수 있으나 편의상 대표로 하 나의 업체만 선정하여 관리하고, 나머지 업체는 선정된 업체가 알아서 관리하여 작업을 수행하도록 하 고 있으며'라고 한 부분은 외주공사의 수리업체가 1차 정규화 대상은 아님을 의미하고 있다. 또한 '외

주공사를 맡기는 수리업체는 법인에 국한하고 있다' 는 표현은 외주공사에 대한 수리업체가 설비관련사업주체의 서브타입 중 법인 서브타입과 관계를 가져야 함을 의미하고 있다.

● 데이터 모델링 답안 작성 시 관계들의 적절한 역할에 따른 관계명 표현이 누락되지 않도록 주의해야 한다.

The Test Book for
Data Architecture Professional
데이터아키텍처 자격검정 실전문제
2013 Edition

2013년 3월 27일 초판 발행

발행인   윤혜정
발행처   한국데이터산업진흥원
          04513
          서울시 중구 세종대로9길 42 부영빌딩 8층
          전화:02-3708-5300 팩스:02-318-5040
인 쇄   화신문화(주)
가 격   12,000원
ISBN   978-89-88474-15-0